工作・謀略の国際政治

世界の情報機関とインテリジェンス戦

黒井文太郎
Kuroi Buntaro

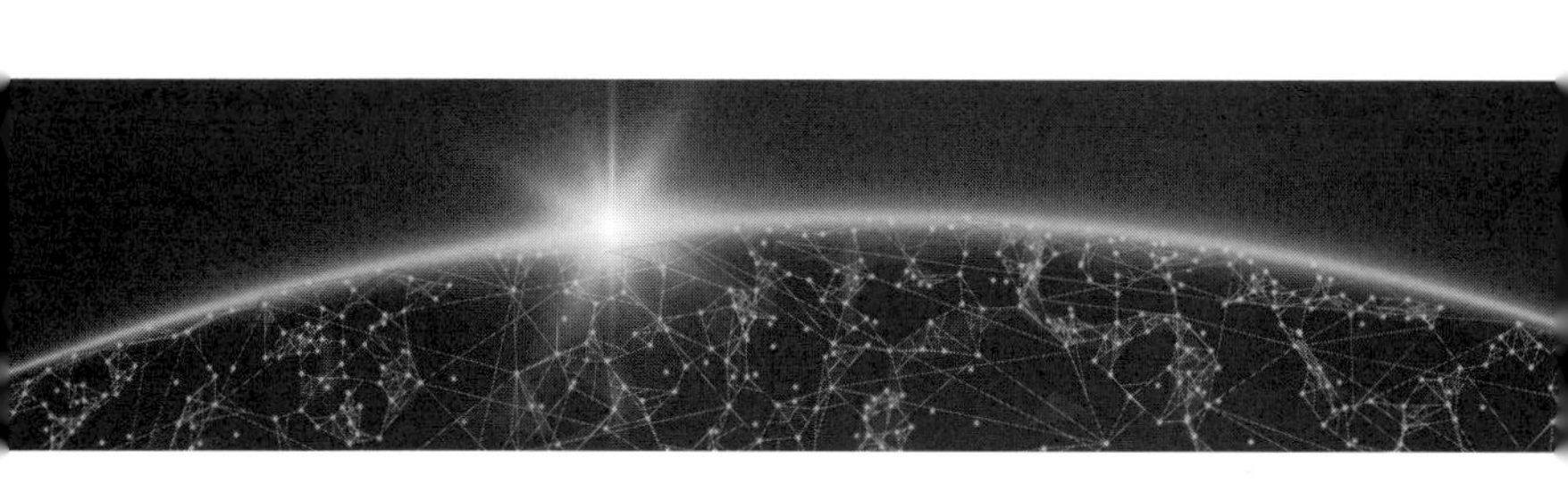

ワニブックス

はじめに

世界は今、平和とは逆の方向に進んでいる。

2022年2月、ロシアはウクライナを侵略した。ウクライナは今、米国や東欧各国を含むNATO主要国を中心に西側から軍事的・経済的な支援を受け、祖国防衛の戦いを続けている。ただ、ロシアとウクライナのどちらも軍事的に勝利できる決定的な戦力はなく、戦局は一進一退の攻防となっている。大きな被害を出しながらも、戦闘は今後も終息する兆しが見えない。

2023年10月には、パレスチナ組織「ハマス」の軍事部門が、ガザ地区を囲む壁を破壊してイスラエルを奇襲した。これに対しイスラエル軍はガザ地区に激しい攻撃を加え、多数の一般住民が殺害されたが、ハマス軍事部門は壊滅していない。ハマス軍事部門の指南役であるイランの、事実上の〝手下〟であるヒズボラやフーシ派、イラク民兵各派はイスラエルや米軍への攻撃を継続。とくにフーシ派は紅海を航行する船舶への攻撃を続けたため、米英軍などがフーシ派拠点を空爆するなど、戦火は中東各地に拡大している。

他方、日本の近隣である東アジアに目を転じれば、中国は急ピッチで軍拡を進め、習近平国家主席は台湾統一への決意を再三にわたり表明している。北朝鮮は強力なミサイル戦力の開発・

配備に余念がなく、すでに米本土を射程に収めるICBMや、現有のイージス艦でのミサイル防衛システムを掻い潜って在日米軍（つまり日本本土）を攻撃できる低高度変則軌道の跳躍滑空ミサイルの開発に成功した。2023年11月にはさらに偵察衛星まで打ち上げている。

世界各地で緊張が高まるこのような状態は今後も長く続くが、そんな時代を生き抜くには、軍事的な防衛力と同じくらいに必要なものがある。情報戦を勝ち抜く力だ。実際、ウクライナでの攻防戦でもガザ紛争でも、探り合いの攻防で敵対する相手を出し抜くとともに、相手陣営の内部を心理的に揺さぶり、さらに国際的な世論までも味方につける高度な〝情報戦〟が行われている。そして、その情報戦を担っているのが、米国のCIA（中央情報局）やNSA（国家安全保障局）、ロシアのFSB（連邦保安庁）やGRU（参謀本部情報総局）、あるいはウクライナのGUR（国防省情報総局）やイランの「イスラム革命防衛隊コッズ部隊」、イスラエルの「モサド」や「シンベト」、中国の「公安部」や「連合参謀部情報局」、北朝鮮の「国家保衛省」や「偵察総局」といった各国のインテリジェンス組織だ。

ここで言うインテリジェンス組織とは、国の安全保障のために情報を収集・分析する情報機関のことで、彼らは諜報機関でありながら、同時に相手陣営を惑わしたり誘導したりする秘密工作機関でもある。自国民を監視・弾圧する独裁国家では、しばしば恐怖の「秘密警察」の顔も持つ。

こうした組織の活動は非公開が原則なので、あまり日々のニュースでは報じられないが、現代の国際政治では非常に重要な役割を担っている。こうしたインテリジェンス組織の仕組みと裏の活動に目を向け、国際報道で漏れ伝わってくる関連情報を繋ぎ合わせることで、現代国際政治の深層の一端に迫ってみたい。

「情報戦」という言葉自体はよく聞くが、実際のところ現実の国際紛争で、情報戦はどのように行われているのか。具体的な紛争の局面での動きを追ってみようと思う。

令和六年一月

黒井文太郎

第1章

ハマス軍事部門 vs. イスラエル情報機関
~インテリジェンス戦争としてのガザ紛争~

第2章 知られざる情報戦 ～ウクライナ戦争の深層～

第3章

習近平の恐怖の監視システムとスパイ・ネットワーク

第4章 金正恩「独裁体制」の源泉 ~北朝鮮の暗殺組織~

第5章 問題だらけの「日本の情報機関」

第6章 暗躍する世界の情報・公安機関

I サウジアラビア、トルコ、米国の情報機関はどう動いたか
～カショギ記者殺害の顛末からみえる情報戦の深層

第7章 世界最強のインテリジェンス大国＝米国情報機関の全貌

装丁・本文デザイン　木村慎二郎

※敬称につきましては、一部省略いたしました。
役職は当時のものです。

※写真にクレジットがないものは、パブリックドメインです。

第1章

ハマス軍事部門vs.イスラエル情報機関

～インテリジェンス戦争としてのガザ紛争～

ハマス「奇襲」の経緯

2023年10月7日にパレスチナ南部・ガザ地区を支配する政党・イスラム組織「ハマス」の軍事部門「イッザルディン・アル・カッサム旅団」（以下「カッサム旅団」）および連携するイスラム過激派「パレスチナ・イスラム聖戦」（PIJ。以下「イスラム聖戦」）がイスラエルを奇襲し、兵士や住民およそ1200人を殺害し、200人以上を拉致（らち）するという事件が起きた。

イスラエル軍は即座に反撃を開始したが、ハマス戦闘員はガザ地区に潜んでいるため、イスラエル軍はガザ地区全体に激しい空爆を加えたうえ、地上部隊も侵攻させた。ガザ地区では、イスラエル軍の攻撃によりパレスチナ人の一般住民の巻き添え被害が拡大。翌2024年1月下旬時点で少なくとも2万5000人以上（うち1万人以上が子供）が殺害された。

まず、ハマス側の奇襲はどのように行われたのか。

同日の早朝、ハマスとイスラム聖戦は合わせて2500〜5000発のロケット弾をきわめて短時間内に、ガザ各地から一斉にイスラエルに向けて発射した。ハマスらはこれまでもガザ地区からのロケット弾発射をしばしば行っており、イスラエル側はそれに対抗するため、ロケット弾や榴弾砲（りゅうだんほう）など比較的低速度の飛来物を近距離で迎撃する防空システム「アイアンドーム」

を開発・配備していた。アイアンドームの迎撃成功率はきわめて高く、過去のロケット弾攻撃では都市部での防衛にほぼ成功していた(都市部・集落以外のほぼ無人エリアへの攻撃は迎撃対象外だが、被害はほとんどない)。

そこでハマス側は今回の攻撃では、アイアンドームの対応能力を超える数のロケット砲を発

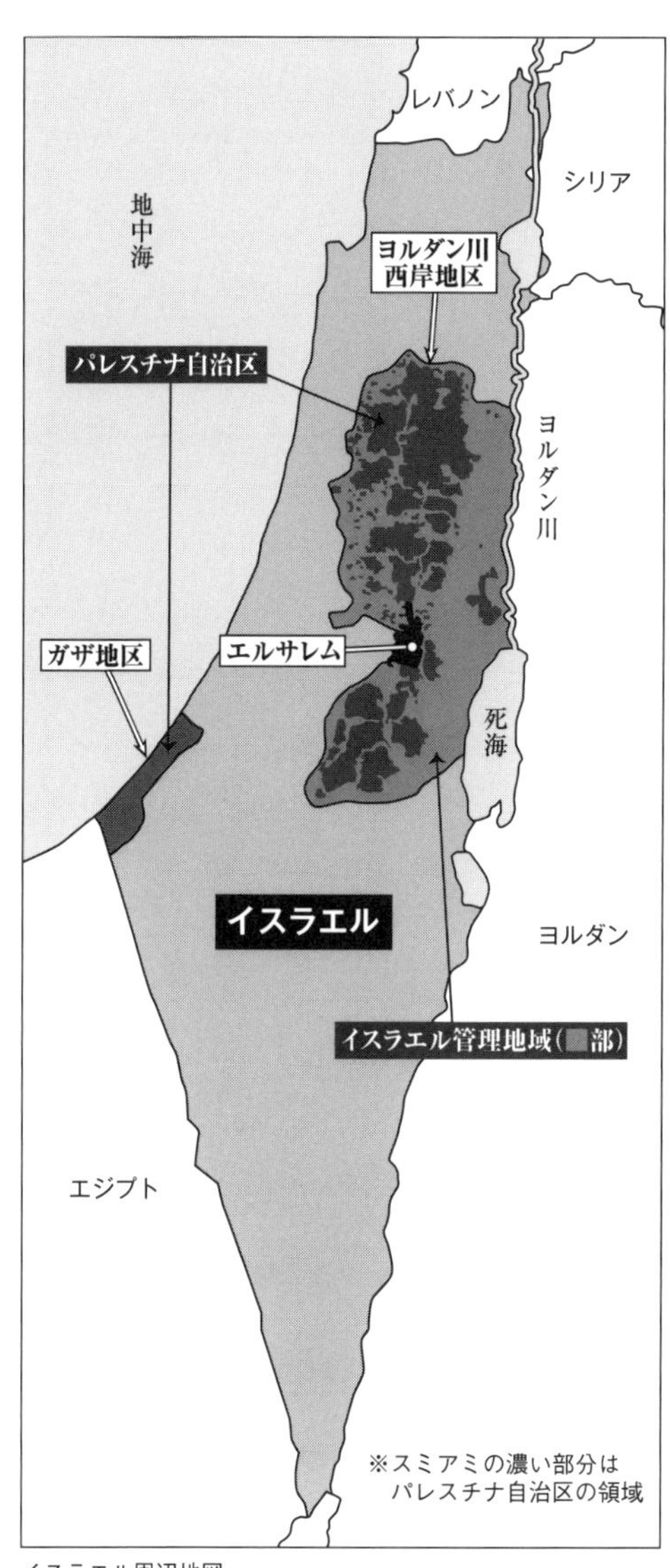

イスラエル周辺地図

射して迎撃を掻い潜る飽和攻撃を仕掛けたのだ。ハマスはロケット弾の長射程化に成功しており、今では150㎞射程のロケット弾など、イスラエルのほぼ全土を狙える戦力を獲得していたが、長射程のものは数が多くなく、主力は射程17～20㎞程度のものだった。だが、今回はアイアンドームでの迎撃が完全ではなく、多くの被弾を許した。ただし、各ロケット弾の威力は小さいもので、被害自体はそれほど大きくはなかった。

だが、問題はそれ以外にあった。ハマスはロケッド弾攻撃とほぼ同時に、ガザ地区から陸・海・空部隊のすべてがイスラエル側に侵入し、近隣の集落やイスラエル軍基地に直接攻撃を仕掛けたのだ。

海上から高速ボートで接近したハマス部隊はイスラエル側の反撃を受けたが、一部が上陸してイスラエル軍の奇襲に成功した。空からというのは、ハマスが新たに編制したモーター付きパラグライダーの部隊で、彼らはガザを囲い込む壁を越えてイスラエル軍基地に到達し、銃撃しながら着陸した。なお、パレスチナでは1987年に別のゲリラ組織「パレスチナ解放人民戦線総司令部派」（PFLP－GC／シリア秘密機関の傘下機関）が熱気球とモーター付きハンググライダーでレバノン南部からイスラエル側に侵入したケースがあるので、こうした手法自体は初めてではないが、部隊を編制して軍事作戦として実行されたのは初だった。

もっとも、こうして海と空から侵入したハマス戦闘員は少数だったため、戦果は限定的だった。それより今回の奇襲で影響がきわめて大きかったのは、陸からの侵入だった。彼らは壁を爆破して、その隙間からバイクや徒歩で侵入。さらに重機で壁の穴を広げ、車両でも侵入した。そして、イスラエル軍基地や集落を次々と襲撃した。イスラエル軍がまったく予期していなかった奇襲であり、基地の警備はあっけなく破られ、多くのイスラエル兵士が服を着替える間もなく射殺された。集落ではハマス戦闘員が家屋を襲い、住民を処刑して回った。近隣で開催されていた野外コンサート会場も襲撃され、多くの観客が殺害された。

その日からの数日間で、侵入したハマス戦闘員（正規の戦闘員だけでなく、同時に侵入したパレスチナ人暴徒を含む）は約１５００人。イスラエル側の兵士や民間人の犠牲者は前述したように約１２００人（当初は１４００人と伝えられたが、そのうち２００人はハマス側と判明）で、さらに外国人を含む二百数十人が人質として拉致され、ガザ市内に連行された。人質拉致は組織的に行われており、ハマス側が最初から計画に入れていた行動だったことは明らかだった。実際、ハマス側が襲撃後に発表した彼らの訓練シーンを収録した動画には、ハマス戦闘員のチームが襲撃から人質拉致までを訓練している様子が映っていた。

いずれにせよ、この事件は衝撃的だった。ハマスはこれまでもイスラエルに対する攻撃はしばしば行っていたが、戦力差は歴然としていたため、大きな成果は出せていなかった。今回は遠い過去に近隣国と戦った第1次と第4次の中東戦争、あるいは第3次中東戦争後のエジプトとの消耗戦争などの正規戦を除くと、イスラエルがパレスチナ武装ゲリラの攻撃で受けた被害としては、桁違い（けた）に大きかった。

イスラエル国防軍（IDF）の苛烈な反撃

ハマスの奇襲に対し、イスラエル側はすかさずハマスとの戦争を宣言。ガザへの電力供給を止めるなど、ライフライン遮断に動いた。ガザから周囲のイスラエル内に侵入したハマス戦闘員との戦闘は、数日かかった。イスラエル軍のほうが圧倒的に強力だが、ハマス戦闘員の動きをきちんと捉えられておらず、掃討戦にてこずったといえる。

他方、ハマスの奇襲に呼応して、10月8日にはレバノンからイスラム聖戦やヒズボラが限定的な対イスラエル攻撃を開始。これにイスラエル軍が応戦してこちらも制限的ではあるが交戦が始まった。

同8日夜から、イスラエル軍はガザ地区への空爆を開始した。あらかじめイスラエル側が把握していた標的がまず破壊された。翌9日、イスラエルは30万人の予備役動員をかけ、ガザの周囲に砲兵や戦車、装甲車などの大部隊を集結させ始めた。予備役動員はその後、36万人に拡大されている。

翌10日、ハマスは400発以上のロケット弾をイスラエルに向けて発射。イスラエルはさらに空爆を強化した。ハマスはその後もロケット弾攻撃を連日のように続けた。

同13日、イスラエルはガザ地区北部の住民に、24時間以内での南部への避難を通告した。ただ、ガザ地区北部だけでも110万の住民が居住しており、すべての人が動けるわけではない。高齢者や病人とその家族もいるし、動きたくない人もいる。交通の手段は限られている。南部へ行っても、ガザ全体が封鎖されており、食料、水、医薬品といった物資も欠乏していた。もちろん身体を休める場所もない。「24時間」というのは時間が短すぎる。イスラエルも避難期限は延ばしたが、同15日には大規模な空爆を再開し、その規模は日ごとに大きくなっていった。

結局、北部からは住民全体の約半分程度が南部に避難したが、少なくとも40〜50万人程度は北部に残った。なお、イスラエルの空爆は北部がメインではあったが、南部でも空爆を行った。イスラエルの空爆はそれ以前には例のない規模の徹底したもので、住民に多くの犠牲者が出た。

そんななかでも、ハマスは地下トンネルに隠匿（いんとく）していたロケット弾を撃ち続けた。イスラエル軍はそれに対する空爆を強化した。同17日夜、ガザ市のアル・アハリ病院にロケット砲弾が着弾し、大きな被害が出た。

当初、これはイスラエル軍の空爆だと報じられたことで、世界中のイスラム社会で大きな反発を呼んだ。しかし、イスラエル軍側はこれを否定。ハマス戦闘員の通信傍受情報などから、イスラム聖戦が発射したロケット弾が誤って着弾したものだと反論した。現場の破壊規模からみても、イスラエル軍の空爆より爆発被害そのものは軽微だとも主張した。

このアル・アハリ病院の爆発がどちらの犯行かは、それから数日間、大きな争点となった。国際メディア各社がさまざまな映像資料を駆使して検証した結果、やはりイスラム聖戦のロケット弾によるものである可能性が高いと結論付けられている。ただ、イスラエル軍が空爆で多くの住民を殺戮（さつりく）していることも事実であり、世界中で批判の声が沸き起こった。

イスラエル軍はその後も激しい空爆を続け、多くの住民が犠牲になった。イスラエル軍とすれば、今回の衝突は予期していなかったハマスの奇襲によって起きたものであり、ガザ地区内の攻撃目標などについては、空爆でハマス戦力を潰しながら情報収集・分析し、攻撃しながら作戦を策定する期間が必要だった。そして10月8日から2週間弱の空爆の間に、イスラエル軍は地上侵攻の作戦準備を進めた。

10月25日夜、イスラエル軍はガザ北部できわめて小規模な地上部隊の短時間侵攻を行った。同じような侵攻は翌日も行われた。そして10月27日夜、いよいよ本格的な地上部隊侵攻に着手。北東部、北西部、東部の3つの前線から侵攻した。同30日にはガザ地区の北部と南部を結ぶ主要な幹線道路であるサラ・アルディン通りを封鎖した。

11月2日にはガザ市を包囲した。本格的な市街戦が始まり、イスラエル軍は空爆と同時並行で、戦車部隊を中心に市街地への攻撃を続けた。ハマス側は歩兵による反撃を行い、イスラエル軍側にも被害が出た。

病院攻撃はインテリジェンスの不備か

イスラエル軍は地上戦を進める一方、難民キャンプへの空爆も続けた。イスラエル軍としては、ハマス戦闘員の動きを監視しており、情報が入るとすぐに空爆するという流れだった。とくにイスラエル軍はハマス幹部の追跡と殺害を優先しており、情報が入れば慎重な確認を行う間もなく攻撃した。ある程度はイスラエル側も情報を掴むことに成功しており、実際にハマス幹部が何人も殺害された。そういう意味では単なる無差別空爆ではないが、問題は人的な付随的損害を考慮しない攻撃だったことだ。多くの罪なき人々が、巻き添えで殺害された。

イスラエル軍侵攻部隊の作戦どおり、ガザ地区の中央東部から侵攻した部隊が、ガザ市の南部の郊外の住宅密集地でないエリアを西に進撃して地中海に到達し、ガザ地区を完全に南北に分断した。その部隊はガザ中央部の西部海岸近くのエリアの北方および南方に進出した。

また北東部から侵攻した部隊は、比較的早く市街地に到達したが、ここでハマス部隊と激しい戦闘になった。ハマスは瓦礫やトンネルを巧みに利用して反撃し、かなりの激戦となった。

3方向からの進撃部隊のうち最も重要な作戦を担ったのが、北西部の海岸エリアから侵入した部隊だ。この部隊は海岸沿いの比較的住宅地の少ない砂浜や海岸道路沿いを南下した。そしてこの部隊と、前述したガザ地区を南北に分断した後に海岸を北上した部隊とで、市街地の海岸エリアを南北から挟撃するかたちになった。とくにガザ市の西部にある地区最大の病院・シファ病院への攻撃に乗り出した。

多くの病人・重傷者と医療スタッフがいる病院を攻撃するという暴挙だが、イスラエル軍は、この病院の地下をハマスが軍事司令部として使っているとみなしての攻撃だった。11月15日には病院内に突入した。その後、イスラエル軍は病院内にいくらかの武器が置かれている場面や、武器を積んだ車両、さらに人質や戦闘員が病院内に入ってきた場面の監視カメラ映像などを公開し、「ハマス戦闘員がいた証拠だ」と主張した。

ただし、これらの映像だけではハマスが司令部として使っていた証拠にはならない。たとえば病院内の武器は、もとからあったものか、あるいはイスラエル軍が後から持ち込んだものかの確認ができない。それに仮にもとからあったものだとしても、最後の戦闘の場面でそこに来た戦闘員が単に置いていったものであれば、一時的にハマス戦闘員がいたとしても、ハマスが日常的に拠点として使っていたことを証明するものではない。

それに、ハマスの軍事部門「カッサム旅団」は常駐の基地というものがなく、戦闘服や個人装備は個人管理だ。戦闘員は通常、個人装備を各々で保管し、作戦時には持ち歩いている。もちろん戦闘中は、使っていない装備はカバンにまとめて近場に置いておく。そうした装備カバンが何点かあったところで、そこが司令部であるとはいえない。装備を積んだ車両も、戦闘中に立ち寄っただけの可能性もある。

なにより不自然なのは、武器の分量だ。イスラエル軍が発表している動画に登場する〝ハマス側装備〟が貧弱すぎるのだ。大量の肩撃ち式ロケットランチャー（RPG）の発射機と弾薬、あるいは高度な通信装備や監視装備などが発見されないかぎり、司令部として使われたことの証明にはならない。

イスラエル軍はまた、病院の敷地内（建物外）から外部に続く地下トンネルの動画も公開しているが、それも単にトンネルがあったというだけで、それをハマスが軍事拠点として使用していたという明確な痕跡がない。

結局、シファ病院がハマスの司令部だとか重要な軍事拠点だとかの証拠は不充分だった。しかし、イスラエル軍がわけもなく病院を破壊する必要性もない。おそらくイスラエル軍は、シファ病院をハマスが隠れ蓑（みの）に利用しているらしいという未確認情報は掴んでいたのだろう。戦闘しながらの情報収集で入ってきた情報で、確証はとれなかったものの「可能性はある」と判断したのだろうが、インテリジェンスとしては杜撰（ずさん）すぎる。

いずれにせよ、こうしてガザ北部を完全に包囲し、シファ病院周辺などガザ市内のいくつかの要所も押さえたイスラエル軍は、次に南部への攻撃の準備を進めた。イスラエル側はハマスの幹部たちが南部のハンユニス周辺の難民キャンプなどを拠点としているとみており、付近からの退避勧告ビラを撒くなどした。

そうした状況で、ハマスは人質の一部解放に同意する。条件は戦闘の一時休止とイスラエル側が収監しているパレスチナ人捕虜の解放で、イスラエル側も同意。11月24日から一時休戦となった。その休戦と人質解放の実行は概ね守られ、期限も2回延長されたが、あくまで一時的な取引であり、12月1日には打ち切られた。7日間の休戦中にハマスが解放した人質は計105人、イスラエルが解放した拘束者は計240人だったが、休戦打ち切りと同時に再び激しい戦闘が再開された。

ハマスの「動機」の分析

では、なぜハマスは今、このような攻撃をしたのか。

ハマスがイスラエルを奇襲したこと自体は初めてのことではなく、驚くことではない。ハマスはもともとイスラエルによる支配への抵抗を掲げる組織である。イスラエルの存在自体を認めず、当初はその消滅とイスラム国家樹立を正式に綱領としていた。

ただ、現実的な困難に直面し、2017年に綱領を一部改定。イスラエルを認めないことはそのままだが、ヨルダン川西岸とガザ地区でのパレスチナ国家樹立がパレスチナ国民の総意と改めた。つまり、当面のイスラエル消滅を事実上棚上げしたわけで、それは政治的には軟化したことになるが、実際には自治区でも広範にイスラエルの事実上の支配がいまだ続いているため、ハマスのイスラエルへの攻撃はずっと継続されてきた。したがって今回の攻撃自体は、その従来の姿勢の継続であり、特異なことではない。

ただし、「ハマスが今回の攻撃を可能とするまでの戦力を再建できていた」ということは注目点だ。ハマスとイスラエル軍の前回の大規模戦闘は2021年5月。その際、イスラエル軍はガザ地区への空爆でハマスの軍事拠点、地下兵器工場、軍事用地下トンネルの多くを破壊した。ハマスはそれから2023年10月までの2年5カ月で、数千発のロケット弾を製造し、多くの発射機を製造し、兵士たちの携行兵器を調達し、奇襲に使う多くの地下トンネルを再建し、訓練所を建設し（襲撃後にハマスが発表した動画によれば最低6カ所）、兵士の訓練を行った。

これは過去の経緯からすると、かなり短期間に実行されたものといえる。

イスラエルがガザ地区から入植地と駐留軍を撤退させたのは2005年だが、それ以降のハマスとの主要な戦闘を振り返っておきたい。

最初は2008年12月から翌2009年1月にかけて。戦闘は23日間で、死者はイスラエル側が13人、パレスチナ側が1418人。次が2012年11月の8日間で、死者はイスラエル側が2人、パレスチナ側が62人だった。ここでハマス側でなくパレスチナ側と書くのは、パレスチナ側の死者の大多数が、ハマス戦闘員ではなく空爆で殺害された一般住民だったからである。

つまり、ハマスによるイスラエル攻撃は、ほぼ常にガザの一般住民に多くの犠牲者を生む結果で終わっているのだ。しかも、その死者数はパレスチナ側がイスラエル側の数十倍から100倍以上という不均衡なものだ。

さらに、3回目の大規模戦闘は2014年7月から8月の50日間で、この時はイスラエル軍が大規模な地上侵攻を行った。そのためイスラエル軍にもある程度の被害が出て、死者数はイスラエル側が73人、パレスチナ側が2310人となった。続く4回目の戦闘は2021年5月の12日間。イスラエル軍は激しい空爆を続け、死者はイスラエル側が13人、パレスチナ側が248人だった。

そして次が今回の2023年10月の戦闘だ。こうしてみると、前回の戦闘から2年5カ月というのは、比較的短い期間といえる。というのは、イスラエル軍は戦闘のたびに、ハマスがすぐに戦力を再建できないようにハマスの軍事拠点、とくに指揮所、幹部の潜伏場所、地下武器工場、地下トンネル出入り口などを徹底的に破壊したからだ。そのため、ハマス側はそうした拠点を再建しなければならず、それにはかなりの期間がかかる。たとえば前々回（3回目）の戦闘と前回（4回目）の戦闘の間は7年間空いている。つまりハマス側は戦力再建と攻撃準備に7年をかけていたのだ。

今回の攻撃の後にハマス自身が主張したところでは、奇襲作戦そのものの準備に2年近くかけたというが、いずれにせよそのわずかな期間で出撃が可能なまで戦力再建ができた。それはすなわち、戦力が整ったので従来どおり対イスラエル攻撃を実行したという流れになる。ただ、今回はハマス側が「壁を壊して周辺を襲撃する」というまったく新しい攻撃手段を思いついたために、イスラエル側に過去に例のない大きな被害が出たことで、たいへんな事態に至ったわけだ。

ハマス自身は今回の攻撃の目的を、イスラエル側がパレスチナ住民を不当に虐待していることへの抵抗だとしている。たしかに近年、とくにヨルダン川西岸地区でイスラエル当局による暴力的なパレスチナ住民弾圧が続いてきたのは事実である。

それ以外にも、今回のハマスの攻撃の動機がメディアではさまざまに語られているが、いずれもハマス自身がそう主張しているわけではなく、推測だということは留意すべきだろう。

そのひとつは、サウジアラビアとイスラエルが国交正常化交渉を進めているため、それを妨害するためだという説だ。サウジアラビアはもともと聖地である（東）エルサレムの奪還とパレスチナ国家の創設という「アラブの大義」の側に立ち、パレスチナを支援してきたアラブの有力国だが、ライバル勢力のイランと対抗することに加え、国内経済のハイテク産業への脱皮を目指すこともあり、米国の仲介でイスラエルとの関係を深めてきた。イスラエルは2020年にアラブ首長国連邦やバーレーンなどと国交樹立しているが、これにはサウジアラビアの仲介・賛同があったとみられる。

これはハマスからすれば、自分たちの頭越しにアラブ世界がイスラエルと手を結ぶことを意味する。それなら「自分たちは見捨てられかねない」との危機感を持つのは自然なことだ。これは政治的な動機としては、あり得る。ただし、ハマス自身はそれが目的だとは言っていない。ただ、今回の奇襲がイスラエル軍のガザ住民への攻撃を誘発したことで、実際にサウジアラビアとイスラエルの接近は頓挫してしまった。一般住民が殺されたことで、アラブ・イスラム世界からすれば「イスラエルがアラブ人・イスラム教徒を殺している」という構図になったからだ。

実際、サウジアラビアはイスラエル批判を明確にしている。そういう意味ではハマスの政治的な得点にはなるが、その目的のためにハマスが相手の反撃による住民の大きな犠牲を覚悟してリスキーな行動を選択したのかといえば、その具体的な根拠はない。根拠の乏しい推測より明確な事実をみれば、「ハマスがもともとイスラエルへの抵抗を掲げてきたこと」と「2年という短い期間で強力な戦力を獲得したこと」が決定的だ。つまり、シンプルに対イスラエル攻撃を継続したということだ。

なお、今回の奇襲の直後、ハマスの駐イランの代表者が「アラブの国々はイスラエルとの接近をやめるべきだ」と発言している。イランはもともとサウジアラビアとイスラエルの接近を強く非難していたが、それに同調する発言といえる。

もうひとつ国際報道で解説されている推測には「イスラエルのネタニヤフ政権が司法改革の強行などで政治的に弱体化しており、今なら対応力が落ちているとハマスが考えたのだろう」との説がある。イスラエルにもこの見方をする政治学者がいる。そうした推測もあり得るが、ハマスの行動のメインの動機というには弱い。

日本でも海外でも国際紛争の大事件発生時には、報道解説で「こうも考えられる」との推測が前面に出てくるが、「確認されたこと」「ある程度、客観的に言えそうなこと」「あくまで憶測に留まること」などが混合するのが常なので、そこは整理して理解する必要がある。

イスラエルはなぜ奇襲を予測できなかったか

ハマスは約2年をかけて今回の奇襲の準備を進めてきた。そこで気になるのが、イスラエル当局は、この大規模なハマスの作戦の準備になぜ気づかなかったのかということだ。『ニューヨーク・タイムズ』2023年10月10日付が関係者取材で詳細な記事を発表しているのだが、それによると、イスラエル側のミスとしてはまず、ハマスが軟化したように見せかけた偽装工作にまんまと引っ掛かり、すっかり油断させられていたことが大きいようだ。襲撃後にハマス自身が「イスラエルを油断させるために擬装した」と誇らしげに主張していたので、おそらくそれは事実だろう。

たとえば、10月までの1年間にイスラム聖戦はイスラエル軍と2回交戦したが、ハマスは戦闘の意思がないと偽装するため、この戦いに一切参加しなかった。イスラム聖戦もハマスもイランの工作機関「コッズ部隊」の手下なので、もしかしたらコッズ部隊のマッチポンプ的な偽装工作だった可能性もあるが、そこはまだ不明だ。また、自分たちの通信が傍受されていることを知っていたハマス側が、故意にイスラエルを油断させるような会話を行ったという。なお、米CNNが10月24日に伝えたところでは、ハマス自身は自分たちの通信用に、盗聴回避のためにもっぱら地下トンネルに敷設した有線ケーブルを使っていたとのこと。イスラエル機関もそのくらいは承知していただろうが、イスラエルの工作員は盗聴器を仕掛けることができなかったのだろう。

それに、近年のイスラエルとパレスチナの衝突は、ヨルダン川西岸地区のイスラエル強硬派入植者が強引に拡大する入植地周辺に集中していた。そのため、イスラエルはガザ方面の部隊を減らし、西岸を強化していた。また、ヒズボラに不穏な動きがあったため、今回の襲撃事件の少し前の時期の、イスラエル情報機関の注意は北部国境に集中していたという。会議でもガザのハマスはまったく警戒されていなかったとの証言もある。

物理的にも、ガザは高い壁で囲まれているし、さらには地下トンネルで侵入されないように地中深くまで障壁が建設されていた。これまでのハマスのテロの前例から、ハマスは襲撃するとしても少人数が隠れて密かに侵入を図ってきていたため、堂々と壁を破壊して大人数で襲って来るという脅威をイスラエル側は思いつかなかったのだろう。考えてみればそれほど難しい手法でもないのだが、過去に例がなかったためにイスラエル側は想定していなかったのだ。

もっとも、仮にイスラエル側の警戒心が低下していたとしても、まったく監視をやめてしまっていたわけではない。ドローンによる偵察は日常的に行われていたし、要監視対象の通信傍受・ハッキングも行われていた。買収した密告者を使うスパイ工作も続いていたはずである。そうしたルーティンの監視網に、前述したようなハマスの大掛かりな襲撃訓練すらまったく引っ掛からなかったとも思えない。

その点について、『ニューヨーク・タイムズ』２０２３年11月30日付がイスラエル側の詳しい内情を報じている。それによると、イスラエル軍・情報機関はハマスの内部情報をそれなりに追跡できており、すでに奇襲の1年以上前に今回のハマスの作戦をほぼ予測した秘密報告書（暗号名「エリコの壁」）が作成されていたという。

しかし、前述したようなハマス側の偽装工作に軍・政府の上層部がすっかり騙されていて、現実的な脅威とは評価しなかったようだ。奇襲3カ月前の7月には軍の通信傍受・ハッキング部隊「８２００部隊」がハマスの襲撃訓練の情報を掴んだが、国防軍のガザ担当部門では「ハマスの単なる願望にすぎず、実行する能力はない」と判断して軍内部では放置されたとのことだ。

なお、米メディアの一部報道では、「エジプトが事前にハマス奇襲の情報を掴み、米国に伝えられていて、イスラエルも共有していた」との報道もあったが、これはインテリジェンスの不備の問題かどうかはわからない。「9・11」の時もそうだったが、根拠の弱いテロ警戒情報は日常的に山ほど存在する。だが、実際にはそのほとんどは外れである。エジプトが警報していたのが仮に事実としても、根拠と論拠の弱いインテリジェンス情報なら評価されないことは普通にある。つまり、インテリジェンスのミスだったとは断定できないのだ。

なお、10月7日の奇襲が成功したのは、イスラエル側の警戒の不備だけでなく、ハマス側の緻密な作戦もあった。まずはこれまで前例のなかった「壁を壊す」という手法を思いついたことだ。9・11テロもそうだが、テロは警戒されていない新しい手法を思いつくことで、大きな結果を出すことがある。今回のハマスのテロはまさにそれだ。襲撃後にハマスが主張しているのだが、最初から作戦の本丸は襲撃であり、多数のロケット弾による攻撃は陽動作戦と位置付けていたという。

ハマスは奇襲にあたり、イスラエル側の警備の弱点も研究している。前述したようにイスラエル軍は近年のヨルダン川西岸での緊張激化を受けて、警備の兵力をガザ周辺から減らし、西岸地区に振り分けていた。その代わりに取り入れたのが、壁を監視する無人の監視塔の監視カメラや、遠隔操作式の機関銃などを組み合わせて省力化した警備システムだ。広いエリアを後方の要員がオンラインで監視・警戒するシステムである。

そこでハマスがとった戦術がドローン攻撃だった。奇襲に先立って付近の通信基地局をドローンで破壊し、それによって監視カメラのデータが警備指揮所に伝達されないようにすることに成功した。ハマスはさらに、この遠隔操作式機関銃自体をドローンで破壊している。壁を壊して侵入するという作戦において、この措置は決定的だったといえるだろう。これも後付けで考えれば、実行が容易で効果がきわめて高いアイデアだった。

さらにハマスは奇襲の初期段階で、イスラエル陸軍ガザ師団司令部を襲撃している。そこには同部隊の幹部のほとんどが集中していて、奇襲によって多数が殺害または人質として拉致された。それによりイスラエル陸軍内部で連絡網が半ば麻痺し、適切に機能しなかった。ハマス襲撃の報を受けて出動したイスラエル軍部隊の多くも、どこに敵がいるのか正確に把握できていなかった。ハマス側からすれば、イスラエル軍の弱点をうまく衝いたことになる。

今回のハマスのテロ行動は、最終的にハマスの目論見どおりに進んだかといえばそうでもないだろうが、少なくとも最初の奇襲作戦だけをみれば、戦力の劣るハマス側にとっては大きな成功になる。そしてその背景には、ハマス側の周到な準備がある。

長期にわたる偽装工作で、敵を油断させる心理戦を仕掛ける。同時に、自分たちの行動を悟られないよう秘密保持を徹底する。そして敵の警備状況に関する情報を収集し、弱点を分析する。こうした広い範囲の「情報」の取り扱い、すなわちインテリジェンス分野でハマスは今回、優位に立った。これは従来のハマスではあまり見られなかった傾向だ。

逆にイスラエル側は、こうしたハマスの情報工作に翻弄され、奇襲を防げなかった。イスラエル軍・情報機関の情報力は中東地域で最強といわれてきたが、今回はそれを活かせなかった。前述したように、インテリジェンス活動では脅威情報は常に入ってくる。しかし、その多くは現実には「外れくじ」であり、当たりくじはほんの一部だ。そして、それらの脅威情報の脅威度を適切に評価するのは難しい。インテリジェンスは万能ではないのだ。

「モサド」「シンベト」イスラエル情報機関の全貌

では、本来ならかなり優秀であるはずのイスラエルのインテリジェンス機構の全体像をみていきたい。

イスラエルにはまず、世界的に有名な情報機関「モサド」（諜報特務庁）がある。首相直属の情報機関で、国家安全保障分野を対象とする。

具体的な任務は「情報収集・分析」「秘密破壊工作」「テロ対策」で、基本的には活動範囲は国外である。イスラエルは建国以来、周囲の国々と敵対関係にあったため、国外での情報活動が死活的に重要だった。また、冷戦時代にパレスチナ・ゲリラ各派は国外を拠点にテロ活動を行っていたため、国外で彼らを追跡する活動も担った。

国外担当なので、対ハマスとしては主にハマス指導部（政治局と最高指導評議会）がいるカタール、あるいはヒズボラがいるレバノン、ハマスの黒幕的存在のイラン、イランの配下の武装グループが活動しているシリアやイラク、イエメン、さらに監視対象の行動範囲でもあるサウジアラビア、UAEなどが主な活動エリアになる。

ただし、自分たちの情報活動からガザにいるハマスの重要な情報もしばしば入手しているはずだ。そうしたネタの追跡調査では、ガザ地区内に対するある程度の独自調査は行っているものとみられる。もちろんケースによってはガザでの情報収集を担当するシンベトなどとの連携もあるだろうが、両組織は完全に独立した別組織なので、基本的には作戦は個別に行う。

モサドの要員は約7000人ともいわれるが、非公開なため実際のところは不明だ。正規の部員の他に、世界中のユダヤ人社会に協力者ネットワークを構築しており、米国、ロシア、欧州、中東各国に情報網があるのが強みだ。近年も天敵であるイラン国内で核開発施設での機器ダメージ工作やキーマンの暗殺など、破壊工作をいくつも成功させている。

モサドの主要な部局は、外国での諜報活動を行う筆頭部局の対外情報部「ツォメット（結節点）」、破壊工作などの特殊作戦を担当する「カエサリア」、通信傍受・ハッキングを担当する「ケシェト（虹）」などだ。前述したイランでの要人暗殺などは、カエサリアの作戦とみられる。

モサドの最大の特徴は、カエサリアの隷下に、対パレスチナ武装組織の数十人規模の暗殺部隊「キドン（投げ槍）」を運用していることだ。公式に暗殺部門を持っている情報機関は西側ではモサドだけだろう。キドンはこれまで世界各地でパレスチナ側のテロ実行犯や首謀者を暗殺してきた。ただし、2010年1月にUAEのドバイの高級ホテルでハマス軍事部門の創設者の一人である幹部を暗殺した際に、メンバー多数の姿がホテルの監視カメラに記録されるという大失態を犯した。顔が露呈した暗殺者はその任務は続けられない。その後のキドンの動静は不明である。

さて、有名なモサドは国外担当だと前述したが、イスラエル国内およびガザ地区やヨルダン川西岸などパレスチナ自治区内での情報活動・治安活動を担当するのは、「シンベト」(イスラエル保安庁。「シャバク」とも呼ばれる)である。つまり、今回のハマスの奇襲を許した最大の責任部署はシンベトになる。

したがって、イスラエル国防軍のガザ攻撃が開始された後も、ガザ地区内での情報収集・分析にはシンベトも当然、参加している。

たとえば国防軍は2023年10月30日に「ハマスの人質となっていたイスラエル軍の女性兵士の奪還に成功した」と発表した。それによると、奪還はシンベトの情報活動によりその女性兵士の所在情報を入手。軍の特殊部隊との共同作戦で奪還に成功したという。

その後の報道で、その奪還作戦自体もシンベトが主体となって行われたもので、数十人ものシンベトの要員が参加したとのこと。実際の奪還作戦は特殊部隊の作戦になるが、そこでのシンベト特殊部隊と軍特殊部隊の役割分担は不明だ。

シンベトと国防軍は翌10月31日にも「ハマスによる奇襲の際に多くの犠牲者を出した農場襲撃を指揮したハマス北部旅団ベイトラトヒア大隊のナジム・アブアジナ司令官を空爆で殺害した」と発表した。やはりシンベトが所在を特定して軍に情報を伝達。空軍の戦闘機で爆殺したという流れだ。標的の死亡確認まで行っているので、それなりに情報活動は行われていることが伺える。

さらに翌11月1日には、イスラエル国防軍が「シンベトの情報に基づいて居場所が特定されたハマスのムハマド・アツアル対戦車部隊司令官を、戦闘機による空爆で殺害した」と発表した。ハマス幹部の殺害、あるいは人質監禁場所捜索などでは、このようなシンベトの情報と軍の空爆もしくは特殊作戦との組み合わせというパターンが多い。

では、このシンベトとは何か。

シンベトもモサドと同じく首相直属の情報機関で、イスラエル国内およびパレスチナ自治区（ガザ地区とヨルダン川西岸地区）での防諜（ぼうちょう）・テロ対策を担当する。

主な部局は「アラブ局」「イスラエル・外国人局」「防護保安局」である。筆頭部局はアラブ局で、主にパレスチナ自治区内を担当し、テロ対策としてパレスチナ各組織の活動を監視する。イスラエル・外国人局は、イスラエル国内のテロ対策と防諜を担当。防護保安局は空港や政府庁舎など、テロの標的になりやすい重要施設の警備を担当する。

シンベトのアラブ局は、日常的にパレスチナ自治区内で情報収集活動をしており、時に強引な拘束・尋問も行う。イスラエルの軍や情報・治安部局の要員がパレスチナ人に成りすまして潜入スパイ活動を行うことを「ミスタービム（潜伏）」というが、シンベトはその潜入スパイ活動を優先的業務として行っている。

シンベトは重要施設警備要員や対テロ部門に武装部門を持っているが、大規模ではない。西岸地区でテロ容疑者を追跡するような場合、シンベトは「国境警察」隷下の対テロ特殊部隊「ヤマス」を出動させる。国境警察は国家警察の部局で、国家安全保障省の傘下になり、首相直属のシンベトとは本来は指揮系統が別になるが、エルサレムを活動拠点とするヤマスは、シンベトの指揮下で実力執行部隊として出動することが多い。

なお、シンベトの工作の中でも重要なものが盗聴だ。携帯電話の盗聴も当然やっているが、パレスチナ自治区内に潜入して盗聴器を仕掛けるなどの工作では、ミスタービムの役割が重要だ。ハッキング工作でも、情報を抜き取るウイルスを標的のデバイスに感染させるには標的の交友関係や日常行動を探るのが有効だが、そうしたことでもミスタービムが役立つ。

今回の奇襲を見抜けなかった背景に、ハマス側が「しばらくイスラエルと戦う気はない」と思い込ませる偽装工作を仕掛け、イスラエル情報機関がまんまとそれに騙されていたことが明らかになっている。ただ、ガザでの情報収集活動はシンベトの主任務のひとつで、ルーティン仕事として行われているので、完全にやめてしまっていたわけではない。最近のシンベト内では「ガザより西岸地区ほうが不穏な動きがあり、監視強化が重要だ」と考えられたということで、一部の人員を西岸地区監視に回し、ガザ監視の手が若干薄くなっていたということだろう。

それでもシンベトは、前述したようにハマス幹部や人質の所在情報をいくらか入手できている。軍や他の情報・治安機関よりは、そこはまだ情報収集の手段を残しているのだ。

なお、シンベトは10月7日のハマスの奇襲後、その襲撃の首謀者と参加者を暗殺する専門組織「ニリ」を新設したと公表している。一部報道ではまるで〝凄腕（すごうで）の特殊部隊〟のようなイメージで伝えられているが、現在のような戦闘状態では、ガザでの襲撃作戦は軍特殊部隊との共同での大規模な軍事作戦として行われる。首謀者暗殺といっても、ハマス首謀部がいるカタールやレバノンなどパレスチナ自治区以外であれば、前述したモサドの担当だ。シンベトの新組織・ニリはおそらく、パレスチナ自治区内でのハマス幹部を徹底的に追跡する、いわば特別捜査チームのようなものだろう。ただし、それが戦闘地域ではないヨルダン川西岸地区であれば、暗殺も実行するだろう。

このシンベトとモサド、それに国防軍の情報機関「アマン」(軍事情報部)がイスラエルの3大情報機関になるが、それだけではない。テロ対策の延長でパレスチナ自治区内でも隠密に活動するチームが、警察とその隷下の前出・国境警察にもある。

国境警察(「マガブ」と通称される)は警察組織内の戦闘部隊で、主任務が対テロ作戦だ。活動地域はエルサレムやヨルダン川西岸地区内のイスラエル占領エリアで、前述したように特殊部隊「ヤマス」はシンベトの指揮下で投入されることも多い。エルサレムや西岸地区での特殊作戦に加え、ミスタービム活動も行っている。

国境警察には他にもきわめて強力な特殊部隊「ヤマム」(特別警察部隊)もある。ヤマムの主任務は人質救出で、この部隊はこれまでもパレスチナ自治区内の占領エリア内外で数多くの人質奪還に出動している。

さらに、こちらは一般警察の部局になるが、対テロ特殊部隊「ギデオニム」(33部隊ともいう)もある。この部隊もイスラエル国内でミスタービム活動を行っているとみられる。

イスラエル国防軍の情報機関と特殊部隊

なお、こうした情報・治安機関系以外に、ハマスに関する情報収集を大規模に行っているのが軍の情報機関だが、対テロ作戦が重要なイスラエルの場合、軍の情報機関は特殊部隊との連携運用が多い。さらに軍の情報機関と特殊部隊は、陸軍と空軍のガザ攻撃作戦と並行して、ガザ内部にある程度の情報網を持つシンベトなどとも連携しながら、人質所在地捜索やハマス幹部殺害を進めている。

すなわち、地下トンネルの出入り口とトンネル内部を探り、盗聴器を仕掛け、多種類の小型ドローンを飛ばし、武器集積所や指揮所などのハマス軍事拠点を探り、ハマス戦闘員捕虜を尋問し、鹵獲(ろかく)した敵のＰＣやスマホを解析する。そして標的を発見したら、空軍に空爆を要請するか、あるいは自分たちで突入する。

こうした特殊作戦で、特殊部隊と情報部隊は密接に連携する。特殊部隊自身にもある程度の情報活動が任される。では、そんな任務にあたる特殊部隊には、どんな部隊が存在するのか。

まず、対テロ・ゲリラ戦に特化した強力な部隊が「サイェレット・マトカル」（参謀本部偵察部隊）である。ガザでの人質捜索作戦でも主に実働していたのは、この部隊とみられる。組織上、軍の情報機関である「アマン」(軍事情報部)の隷下部隊だが、実際には参謀本部の指揮下にあり、冷戦時代から数々の対テロ作戦・人質奪還作戦に投入されてきた歴戦の特殊部隊だ。なお、2017年にイスラエル軍の特殊部隊チームがNGOに身分偽装してガザに潜入し、盗聴工作をしようとしてハマスの治安機関に発見され、工作に失敗したことが後に明らかになっているが、その工作を実行したのがこのサイェレット・マトカルである。

このように、サイェレット・マトカル自身がさまざまな情報活動を行っており、隊員たちは情報活動の特殊訓練を受けているが、作戦にあたってはアマン隷下の他の部隊と連携することも多い。アマンは陸海空軍に所属しない独立した機関で、情報部隊として「ハマン」(情報部隊)、通信傍受・ハッキング担当の「8200部隊」、偵察衛星・偵察機・ドローンなどの画像情報担当の「9200部隊」があり、それらも作戦時にはサイェレット・マトカルを支援する。なお、通信傍受の8200部隊はそのレベルの高さで知られる強力な情報機関だ。

もっとも、国防軍には他にも特殊部隊が陸・海・空ごとに、また地域軍ごとにいくつもある。なかでも強力なのは、中央司令部第98空挺師団の隷下で運用される「オズ旅団」(第89コマンド旅団)だが、同旅団には「デュブデバン」「マグラン」「エゴズ」ら独特の訓練を受けた強力な特殊部隊がある。

デュブデバン（第217部隊）は対テロ専門部隊であり、偵察部隊でもある。パレスチナ人に擬装してパレスチナ自治区に潜入し、情報収集活動や破壊工作を行うミスタービム工作を、かなり深い部分まで行っている。

マグラン（第212部隊）は空挺降下などの敵地潜入の訓練を受けた偵察部隊だ。平時でのスパイ活動というより、戦時での単独・少人数での偵察任務を担う。エゴズ（第621部隊）も少人数で行動する特殊部隊で、敵地に長距離潜入して偵察と破壊工作を行う部隊である。今回のガザ侵攻では、前述したサイェレット・マトカルだけでなく、これらの部隊もおそらく投入されたものと推測される。

ガザ侵攻において、もうひとつ注目される特殊部隊は戦闘工兵軍隷下の部隊だ。イスラエル軍では、地雷や仕掛け爆弾の敷設や処理、建物の爆破、瓦礫（がれき）撤去、橋梁の建設などを担当する工兵部隊の主力が、自ら戦闘もしながら任務をこなす戦闘工兵部隊と位置付けられている。その中で市街戦の前面に投入されるのが「ヤハロム」（特殊戦闘工兵隊）だ。

ヤハロム部隊は、建造物が密集して地下トンネルが張り巡らされたような戦場で、敵の位置やトンネルの位置などの偵察活動をしながら侵入し、敵の仕掛けを無力化する。その隷下には、敵陣深くに潜入して偵察・破壊を実行する「ヤエル部隊」、敵の特殊な仕掛け爆弾やブービートラップ（罠）を回避する「ヤクサップ部隊」（爆弾処理隊）、地下トンネルの捜索・破壊を専門とする「サムール部隊」（通称「イタチ部隊」）、爆薬や専門器具で建物のドアや壁を壊す「ミドロン・ムシュラグ部隊」、軍用ロボットを運用する「ヘゼック部隊」などが編制されている。

こうした特殊戦闘工兵は今回のような市街戦では、とくに危険な任務となる。おそらく空軍や陸上戦闘部隊の支援を受けながら、特殊部隊や情報部隊と共同での市街地制圧作戦を行っているのだろう。

国防軍ではこれらの地上部隊の特殊部隊だけでなく、海軍には特殊部隊「サイェレット13」が、空軍には特殊部隊「シャルダグ」（第5101部隊）がある。このうち海軍のサイェレット13はイスラエル海軍の艦艇部隊と協力し、海上での警戒と、自ら海上からの侵攻に参加したようだ。たとえば前述したガザ市内のシファ病院制圧の際、イスラエル軍に従軍取材して最前線からレポートしていたCNN特派員は、「前方でイスラエル海軍のネイビー・シールズが作戦中だ」と語っていた。おそらくサイェレット13のことだろう。

いずれにせよ、このようにイスラエル国防軍には多種の充実した特殊部隊がある。これらのいくつかはガザ侵攻作戦に投入されており、人質捜索やハマス幹部追跡に従事したものと思われる。

ハマス政治指導部のしくみ

ガザ紛争のニュース報道でひとつ気になるのは、ハマスの特殊性があまり解説されていないことだ。ハマスは独特の組織形態を持っているのだ。

ハマスは「イスラム抵抗運動」というアラビア語の略で、熱狂という意味もある。パレスチナでは1987年に大規模な抵抗運動「インティファーダ」が起きたが、それに対応するため、エジプトを本拠にアラブ圏各国に根を張っているイスラム大衆組織「モスレム同胞団」のパレスチナ支部の強硬派が分派してハマスを創設した。イスラエル国家の存在を認めず、打倒してイスラム国家を建設するというのが、その主張だった。

こうした強硬路線のため、発足当初からイスラエルと激しく対立した。イスラエル当局の追撃から逃れるため、当初は代表事務所をクウェートに置いたが、間もなく湾岸戦争が起き、その後はヨルダンの首都アンマンに置いた。1992年、アンマンの代表部は正式に「政治局」となった。

その後、ヨルダン当局と衝突して1999年に追放される。いくつかの国を転々とした後、2000年代はシリアの首都・ダマスカスに拠点を置いた。だが、2011年のシリア民衆蜂起でパレスチナ難民もアサド政権に弾圧されたため、アサド政権と決裂。またいくつかの国を経てカタールの首都ドーハに本拠を移し、現在に至っている。

ハマスはパレスチナではとくにガザ地区で勢力を広げた。1993年、ヤセル・アラファト率いるパレスチナ・ゲリラ「ファタハ」が主導する「PLO」（パレスチナ解放機構）とイスラエル政府がヨルダン川西岸とガザ地区での暫定的なパレスチナ自治政府（PA）を認めるオスロ合意を成立させると、それに激しく反発。対イスラエル抵抗の主役として勢力を拡大した。パレスチナでは主に投石闘争を主導したが、イスラエル側に潜入しての自爆テロもたびたび実行した。

2000年にイスラエルの極右政治家アリエル・シャロンが東エルサレムの聖地を多数の護衛兵士を引き連れて強引に訪問し、強硬な態度をとったことで、インティファーダが再燃。翌2001年にイスラエル有利な制限付き二国家共存の条件受け入れをアラファトが渋ったことでパレスチナ独立は事実上、頓挫した。直後、イスラエル側でシャロン政権が誕生したこともあり、パレスチナとイスラエルの融和は遠のいた。

こうした状況でパレスチナでは自爆テロなどでイスラエルに抵抗するハマスの支持が高まり、2005年のイスラエル軍ガザ撤退の翌2006年、パレスチナ評議会選挙で圧勝。自治政府でハマス主導内閣が誕生した。しかし翌2007年、ハマスとファタハの戦闘が勃発。ファタハはヨルダン川西岸の主導権を確保したが、ハマスはガザ地区を掌握し、事実上のガザ統治者になった。その後、ハマスは在カタールの政治局からガザ代表が任命され、ガザ代表の下にガザ行政機構や社会事業機構が運営された。

なお、ハマスは自らイスラム組織であることを掲げているが、イスラム組織は集団指導体制での合議制を建前上、重視する。形式的な最高意思決定機関は、イスラム指導者など長老格の有力幹部の合議体である「最高指導評議会」（マジリス・シューラ）だ。ただ、創設以来、集団指導の中でも最高位の指導者として最高指導者というポジションがあり、ハマス創設以来、アハマド・ヤシンが務めていたが、彼は2004年にイスラエル軍に殺害された。直後にアブドルアジズ・ランティシが跡を継いだが、彼もすぐに殺害された。それ以降、ハマスの最高指導者は政治局長とされている。なお、最高指導評議会も現在、政治局と同じカタールに置かれている。

特殊なハマス地下秘密組織

ハマスの組織上の最大の特殊性は、政治部門や社会事業部門などの表の組織と、裏の組織である軍事部門「カッサム旅団」が、組織トップの有力幹部を通じては繋がっているものの、本体の組織同士はまったく別だということだ。

ハマスは政党でガザの行政機構でもあるので、政治部門はオープンだ。幹部も組織メンバーも公開されており、幹部の人選も比較的オープンに任命される。対してカッサム旅団は、イスラエルの攻撃を警戒して徹底的な秘密主義がとられている。海外で訓練中の戦闘員を除き、最高幹部含めて全員がパレスチナ国内に潜伏し、最高幹部クラス以外は氏名も秘匿(ひとく)されている。

カッサム旅団の戦闘員の数は不明だが、3～5万人と推定されている。決まった駐屯地・基地もなく、常設の戦闘部隊もない。戦闘員のほとんどは現地で家族と暮らしているが、自分がカッサム旅団のメンバーだということは周囲には秘匿することになっている。イスラエルとの戦闘で戦死して初めて、氏名を公表されて殉教者として称えられる。ただし、地縁・血縁の関係が濃厚な社会でもあり、実際にはカッサム旅団のメンバーは周囲の知人たちには知られていることが多いようだ。なお、ガザ生まれの若者には珍しいことではないが、カッサム旅団の戦闘員はやはり家族をイスラエル軍に殺害された者がほとんどとみられる。それだけ対イスラエルのモチベーションが高いのだ。

こうした地下秘密組織タイプの編制になっているため、カッサム旅団には横のラインがない。4〜5人程度の「細胞」が基本的な活動単位で、それを束ねる小隊長、中隊長、大隊長などと縦の指揮系統はあるが、各指揮官は自分の配下しか正体を知らない。そのため大人数を動員する統一された作戦は不得手で、今回の奇襲のような大規模作戦はあまり過去に例がない。今回のガザでの地上戦でも、大人数による組織だった攻撃はあまり見られず、やはり数人からせいぜい十数人程度がイスラエル軍戦車部隊に挑んでいる場面が多い。

こうした非組織性から、仮に上位の幹部が殺害されると、もはや統一的な作戦は不可能になる。対するイスラエル軍としては、カッサム旅団はまず組織の上位の幹部を捜索し、拘束・殺害することが目標になっている。

カッサム旅団の戦闘員は常設の基地を持たないので、各自、個人装備をいつでも持ち運べるようにカバンにまとめて保管している。訓練時や作戦時には、それを持って出動するのだ。戦闘員の特徴は、その独特の服装にもある。常設の部隊ではないので普段は私服で生活しているが、戦闘時には基本的に戦闘服を着用する。そして緑色のヘアバンド状の布を頭に巻くか、あるいはそれを縫い付けた黒色の目出し帽のような覆面姿になるのだ。これは過去の戦闘でも徹底しており、たとえば私服で民間人に紛れて戦うというような手法を、少なくともこれまでは基本的にとってこなかった。

ただし、今回のガザ地区での地上戦では、ほぼ全員が戦闘服ではなく私服で戦っていることが、現地発の画像から確認できる。今回、以前のカッサム旅団とは戦術レベルが格段に向上している旨を前述したが、民間人の服装で戦うということは、良し悪しは別にして、敵の監視を回避するために自分たちの行動を擬装するという点で、ゲリラ戦では有効だ。

いずれにせよ、カッサム旅団はこのように軍事組織というよりは地下テロ組織のような組織になっている。そして、政治部門とは互いの一部の最高幹部クラスとしか接触がない。今回の10月7日の奇襲についても、表のハマスであるガザの行政機構や社会活動機構のメンバーは、幹部でも一切事前に知らされていない。

ハマスの資金源とイランとの連携

ハマスは結成以来、主な資金源はサウジアラビアやUAEなどのイスラム財団が主で、他にも海外パレスチナ有力者らからの寄付金などがあった。宗派はパレスチナ人のスンニ派と違うシーア派だったが、同じイスラム主義でイスラエルと敵対しているということで、イランからの資金援助もあった。

ハマスはイスラム主義のため欧米西側諸国との関係が疎遠で、西側のパレスチナ支援はファタハ主導のパレスチナ自治政府が中心だ。ハマスは政治組織としてはサウジ情報機関との関係が深く、また隣接するエジプトと関係の深い幹部もいた。表の政治部門はイランとの関係はさほど深くなかった。

しかし、2000年代に政治局がシリアに本拠を置いたことから、シリアとの関係が深いイランとの関係が徐々に深まった。とくに2007年にファタハと決裂した後、湾岸産油国などからの支援もファタハがメインになり、ハマスはますますシリアとイランに接近した。

ところが、2011年以降にシリアでアサド政権が同国内のパレスチナ人を殺戮したことから、ハマスとアサド政権は決裂する。イランはアサド政権の後ろ盾だったため、ハマス政治部門とイランおよびその傘下のレバノンのシーア派武装組織「ヒズボラ」との関係も疎遠になった。だが、2017年頃よりアサド政権およびイランとハマスの関係修復が急速に進み、やがて和解した。現在では、イランはハマスの主要な支援国といっていい。

もっとも、以上はハマスの表の顔である政治局とイランの関係だ。前述したようにハマスは政治部門や社会事業部門などの表の組織と、裏の組織である軍事部門「カッサム旅団」では組織系統が違う。そして、裏のハマスであるカッサム旅団と、イランの特殊な対外工作機関は、表の組織同士が疎遠な関係の時期も、実は密接な関係を維持してきた。つまり、ハマスとイランは一時的にたいへん疎遠になっていたが、ハマス軍事部門とイラン工作機関は、関係の密度は多少低下したものの継続して連携関係にあったのである。なお、このイラン工作機関は前述したように「コッズ部隊」という。コッズとはエルサレムという意味だ。

この両組織の連携は、組織同士の関係性というより、互いのメンバー間の人間関係によるところも大きいようだ。たとえばコッズ部隊は1990年代からシーア派・スンニ派を問わずに中東全域のイスラム主義反体制活動家グループに武装闘争訓練（いわゆるテロ訓練）を行っており、パレスチナ人の若者も大勢いた。その人脈からハマス軍事部門に入った人間もそれなりにおり、彼らはコッズ部隊の幹部と人的ネットワークがあった。

人と人の地縁・血縁が濃密な中東イスラム圏では、もともと組織対組織の関係だけでなく、各組織のメンバー同士の人間関係も重要だ。かつての冷戦時代のパレスチナ・ゲリラ各派にしても、各派間の関係はイコールでボス同士の人間関係だったし、各派メンバー同士の繋がりは組織を超えたネットワークを形成していた。コッズ部隊からすれば、宗派の違いやシリアでの敵対的な関係性とは別に、こうした人脈を利用してハマスを工作対象にできることを意味した。

興味深いのは、ハマス指導部の最高幹部の一人であるサレフ・アロウリ政治局次長が2020年5月、レバノンのマヤディーンTVのインタビューで次のように語っていることだ。

「関係が冷たくなった時期（筆者注：ハマスとシリアのアサド政権の関係悪化を指す）でさえ、イランは我々を支援してくれた」

「私が初めてコッズ部隊のソレイマニ司令官に会ったのは2010年か2011年。その後に何度か会い、私自身もイランを訪問した」

同インタビューによれば、アロウリ政治局次長は最初のイラン訪問時にアリー・ハメネイ最高指導者と会見。ハメネイはその場でガーセム・ソレイマニ司令官にハマス支援を指示し、それ以降、コッズ部隊との関係が深まっていったという。アロウリはその後のメディア発言では、2017年頃よりトルコを拠点にコッズ部隊との関係をさらに拡大し、ハマス政治部門とイランの正式な関係改善に努力したことも語っている。つまり、アロウリとソレイマニという両陣営のキーマン同志の連携が先にあり、そこから密接な協力関係を構築していったという流れになる。

なお、アロウリはハマス政治局次長という表の地位を持っているが、ハマス軍事部門「カッサム旅団」と直結する人物である。もともとカッサム旅団創設時の創設者の一人で、カッサム旅団西岸地区初代司令官だった人物だ。その後、イスラエル当局に逮捕されて長い獄中生活を送ったが、2010年に捕虜交換で解放されると、カッサム旅団の事実上の渉外担当のような役割を果たすようになった。最初はヨルダンを経由してシリアを拠点とし、前述したようにコッズ部隊との連携を主導。2012年2月にハマスがシリアを去った後は、トルコのイスタンブールを拠点に活動したが、その間もコッズ部隊との協力関係は維持した。コッズ部隊のソレイマニ司令官、さらにソレイマニ死亡後はイスマイル・ガーニ新司令官と直接、深いやり取りをしてきた。国外からヨルダン川西岸地区での作戦の指揮をとったこともあるようだ。

その後、レバノンを拠点に、コッズ部隊およびヒズボラとの共同作戦センターのような機関を動かしてきたとみられる。

軍事部門「カッサム旅団」の武器ルート

2023年10月7日のハマスの奇襲に、イランがどう関わったのかは不明である。ハマスは奇襲後に、「自分たちの活動はすべてイランのおかげだ」と発言しているが、奇襲作戦そのものがイランの直接の指示あるいは協力の下で行われたとは明言していない。イランがカッサム旅団に資金を与え、軍事的な装備調達などのほぼすべてを支援してきたことは明らかだが、今回の奇襲テロがイランの指示だったとの証拠はない。なお、イランは今回の奇襲に無関係だったとしているが、イランは当然そう主張するはずで、その発言には信憑性はまったくない。

ただし、前述したようにハマスとイランとの関係は秘密でも何でもなく、ハマス幹部は以前から公の場で喧伝してきた。

たとえば、前回の軍事衝突があった２０２１年には、停戦直後の５月21日、ハマスのトップであるイスマイル・ハニヤ政治局長がテレビ演説で「イランの資金と武器の提供に感謝する」と強調した。

また、ハマスのガザ地区代表であるヤヒヤ・シンワルも、２０１９年５月の会見で「イランの支援がなければ、我々はテルアビブにロケット弾を発射する能力は持てなかった」と断言している。実際、ハマスがロケット弾の戦力を強化するのは２０１０年代後半。前述したようにアロウリがソレイマニ司令官との連携を強化した時期だ。

レバノンのヒズボラのハッサン・ナスララ最高指導者も２０２０年12月、「ガザ地区の武器のほとんどはコッズ部隊が供給している」「彼らはスーダンにガザ地区向けの武器工場も持っている」などと発言している。

なお、ヒズボラの機関紙「アル・アクバル」は2020年1月、ガザ地区に武器を密輸するために、ソレイマニ司令官が次のような手法を確立したと報じている。

イランからの武器密輸はもともと船舶でいったんスーダンに移送し、そこからエジプト経由で陸路ガザ地区に持ち込むルートだったが、モスレム同胞団（前出、エジプト拠点のスンニ派組織）を敵視するシシ軍事政権がエジプトで誕生すると、当局による取り締まりが強化され、その武器密輸ルートは使えなくなった。そこでソレイマニは、武器を固定した樽を海上で投棄し、海流に乗せてガザ地区方面に流すルートを考案したという。その手法で大型の武器を密輸するのは難しいとしても、ロケット弾を製造するのに必要な材料・部品は送れるようだ。

密輸ルートはおそらくそれだけはない。大型の武器は無理だろうが、民生品にまぎれ込ませた密輸もかねてから試みられていたものと思われる。さらにはイスラエル軍の不発弾や、さまざまな民生品そのものも利用されている形跡があるが、どうしても自前で製造できない一部の材料や部品については、こうしてさまざまな手法でエジプトやスーダンなどから密輸したようだ。そうした工作およびそれにかかる経費も、すべてコッズ部隊が負担しているという。このように、カッサム旅団はもともとコッズ部隊との関係が深かったが、軍事支援はほぼすべてコッズ部隊からだ。

他方、ガザ地区を拠点とするもうひとつの武装勢力である「パレスチナ・イスラム聖戦」（PIJ）についても説明しておこう。

イスラム聖戦はハマスより小規模の武装集団で、戦闘員は推定9000人。こちらもハマスと同様に、もともとはモスレム同胞団パレスチナ支部からの分派である。創設は1970年代末から1980年初頭にかけての頃で、イランのイスラム革命に触発されたメンバーがメインだった。当初はガザを本拠にしつつも、エジプト、ヨルダン、シリアに拠点を設立。主な支援者はシリアのアサド（父）政権の工作機関だった。1990年代以降、ガザからシリアに本拠を移してテロ活動を展開する。シリアを通じてヒズボラおよびコッズ部隊とも関係を深める。1990年代にコッズ部隊に軍事訓練を受けたメンバーも多い。

そうしてコッズ部隊の全面的支援を受けるようになり、スンニ派でありながらコッズ部隊とほとんど主従関係のような立場になった。イランの手下ということは、当然ながらヒズボラの弟分ということでもある。ガザではコッズ部隊の指示でハマスより先に各種ロケット弾を製造し、発射した。コッズ部隊の配下だけあって、爆弾テロなどのテロ工作もハマスより早く常套手段としている。

なお、イスラム聖戦幹部のラメス・ハラビは2021年5月7日、イラクのアルアハドTVにインタビュー出演し、イランに対する感謝をまくしたて、イスラム聖戦はイランの革命防衛隊に訓練され、武器の資金はすべてイランが拠出したと語っている。コッズ部隊のソレイマニ司令官は2020年1月にイラクで米軍に殺害されたが、ハラビはこのインタビューでソレイマニへの敬意を強調し、「ガザ地区のほぼすべての家にソレイマニの写真が飾られている」などとも語っている。

また、イスラム聖戦のジアド・ナハレ事務局長も2021年1月、イランのアル・アラムTVのインタビューに応じ、「ソレイマニがいなければ、ガザ地区は戦えなかった。すべて彼の功績だ」などと礼賛した。ナハレ事務局長は別のインタビューでは、ソレイマニの工作によって、パレスチナの若者数千人が国外で軍事訓練を受けたとも証言している。

イラン謀略工作機関の正体

では、このコッズ部隊は何者だということになるが、イランではきわめて特殊な組織となる。

コッズ部隊はもともとイラン・イラク戦争中の革命防衛隊の特殊部隊「第900部隊」が起源である。彼らは対イラク戦に投入されたほか、レバノンのヒズボラの創設・支援、アフガニスタン・ゲリラ工作などを担当したが、その後、「特殊海外作戦部」への改編を経て、イラン・イラク戦争終結時期の1988年に「コッズ部隊」に再改編された。

その任務は基本的には、イラン国外で破壊工作を担当する秘密工作機関で、国外でテロ工作の実務および、外国のイスラム反政府組織を訓練して本国でテロ・革命を起こさせる工作を担当した。

コッズ部隊は外国のイスラム系反政府活動家をリクルートし、組織化し、組織拡大・運用を指導し、軍事訓練し、武装化し、テロのやり方を指導することを始めた。イランのホメイニ政権が進めていた「イスラム革命の輸出」である。その対象はイランと同じシーアのレバノンのヒズボラ、さらにサウジアラビアの少数派であるシーア派人脈もいたが、それだけではなく、スンニ派を含めてアルジェリア、エジプト、パレスチナ、ヨルダン、リビア、スーダン、シリア、トルコなど多岐にわたった。

コッズ部隊による外国人テロリストの訓練は当初、イラン国内の革命防衛隊基地を使っていたが、1994年にはイランのコム近郊のイマム・アリ基地に外国人専用訓練所が設置された。

こうした訓練所はその後、増設され、数年のうちにイラン全土で11カ所になった。テヘラン郊外のタリク・アルコド、テヘラン北東のカズヴィム、テヘラン北方のマザリシュ、コム郊外のバヘシュティエ、ペルセポリス郊外のマルブダシュト、バデンガ・ガユウル・アスリ、アフワズ郊外、ハマダン郊外などだ。

もっとも、1990年代のイランはラフサンジャニ大統領が強い権限を持っていた時代で、こうした外国人訓練工作も、大統領の親族が部長を務める大統領府情報部が主導していた。おそらくラフサンジャニ自身の決定によるもので、全体的な工作の監督を大統領府情報部が統括し、その下で訓練所の運営をコッズ部隊が担った。コッズ部隊は軍事指導もするので特殊部隊ではあったが、同時に謀略工作機関でもあった。

その後、1997年にラフサンジャニが大統領を引退し、ハメネイの権力が強化された後は、コッズ部隊は大統領府情報部の下から外れ、ハメネイ政権中枢の直結になった。その1997年かその翌年、コッズ部隊の司令官に革命防衛隊の古参将校であるソレイマニが就任し、コッズ部隊の活動は強化される。ソレイマニがこの部隊をハメネイに直結する謀略のプロ集団に育て上げたのだ。

コッズ部隊の正式な立場は、イスラム革命防衛隊で陸海空軍などとは独立した特殊部隊とされている。兵力は非公開だが、米情報長官室では5000人から1万5000人とみている。他国のイスラム武装勢力に軍事指導も行うので特殊部隊的な人数はある程度いるだろうが、主な任務は対外的な謀略工作なので、実際にはそれほどの数のアクティブな要員はいないのではいかと推測される。

前述したハマス幹部のアウロリの証言にあるように、2010年代にハマス軍事部門を強力に支援したのがソレイマニだ。とくに2010年代後半にカッサム旅団に、より高性能なロケット弾の入手・製造を指導したのはコッズ部隊とその事実上の傘下組織であるレバノンのヒズボラだった。

ソレイマニは2020年1月にバグダッドで米軍に爆殺されるが、その後もコッズ部隊はイスマイル・ガーニ現司令官らソレイマニ門下生たちが路線を受け継ぎ、手駒であるカッサム旅団の戦力を強化し、情報工作や戦術の指導をした。ガーニは1997年頃、ソレイマニがコッズ部隊司令官に就任した時期に同部隊副司令官に就任した腹心で、彼自身が歴戦の謀略工作の専門家だ。

ところで、コッズ部隊の幹部でハマス工作を担当しているのが、ムハマド・サイード・イザディである。彼はハマスへの資金工作で2019年9月に米財務省から制裁リストに加えられているが、その説明文ではコッズ部隊のパレスチナ支部長とされている。その罪状説明によると、彼は2016年にすでにハマスに資金提供していたという。

ハマスでカッサム旅団の対コッズ部隊連絡担当だったアロウリ政治局次長は「2012年からの政治的に疎遠な時期でもコッズ部隊はずっと我々を支援してくれた」「2017年頃からコッズ部隊とのさらなる関係強化を図った」と発言しているが、2016年時点ですでにコッズ部隊の大規模な対ハマス支援工作が行われていたことを裏付ける。

なお、イザディはコッズ部隊のパレスチナ支部長ということだが、パレスチナ駐在ではなく、基本的にはレバノンを拠点にしている。現在もベイルートを拠点にハマス支援工作を行っているものとみられる。

つまり、コッズ部隊のイザディ・パレスチナ支部長が中心となり、そこにヒズボラ軍事部門幹部、さらにアロウリ・ハマス政治局次長が加わって、ベイルートで共同作戦センターのような調整機構を運営してきたのだ。そこが前述したようなハマスの軍事強化工作を仕切ってきたということだろうし、現在も3組織の連携のセンター的役割を果たしているとみられる。

拡大するイランのテロ・ネットワーク

他方、コッズ部隊の暗躍は米国とイランの関係にも緊張をもたらしている。

2023年10月26日、ロイド・オースティン米国防長官は「米軍がシリア東部で、イランの革命防衛隊の傘下組織と施設を攻撃した」と発表した。これは、現地の駐留米軍が毎日のようにドローンや巡航ミサイルによる攻撃を受けたことに対する報復である。

オースティン長官はガザ情勢とは別の軍事行動だと強調したが、そもそもシリア内のイラン傘下組織が米軍を攻撃したのは、10月7日のハマスの奇襲テロに対してイスラエル軍が猛烈なガザ空爆を開始したため、世界中のイスラム社会でイスラエル批判の声が急速に高まったことへの〝便乗〟であるのは明らかだ。

とくにハマス襲撃後に米国がイランとヒズボラを牽制する目的で、東地中海に空母打撃群を送ったことにイランは強く反発していた。

シリアとイラクのイラン傘下組織がこうした行動に出るのは、もちろんコッズ部隊の指令にほかならない。同じ10月26日には米ホワイトハウスも、ジョー・バイデン大統領がイランに直接「イランが支援する武装勢力がイラクとシリアに駐留している米軍を攻撃しているが、やめさせよ」と警告したことを明らかにした。

10月17日以降、シリアとイラクで駐留米軍に対するドローンとロケット弾の攻撃が続いている。犯行声明は毎回「イラク・イスラム抵抗」という新たに開設されたテレグラム・チャンネルに発表される。もっとも、この名称は統一された組織名ではなく、シリアとイラクにいるコッズ部隊傘下の各グループが、今回の一連の攻撃で便宜的に使っているものだ。

そもそもシリアとイラクにいるコッズ部隊傘下の武装グループは数多い。たとえばイラクでは、シーア派の古株の組織に「バドル機構」があるが、そこも最初からイランの影響力が強い組織だ。他にも「アサイブ・アフル・ハック（通称「ハザーリ・ネットワーク」）「カタイブ・ヒズボラ」「カタイブ・アル・イマーム・アリ」「サラヤ・ホラサニ」「カタイブ・サイード・アルシュハダ」「ハラカト・ヒズボラ・アルヌジャバ」「ラシュカル・イマム・フセイン」などの組織もコッズ部隊の傘下にある。

これらの民兵はイラク西部での2014年から数年間のIS（イスラム国）と戦闘の中で組織されたものだが、IS敗走後は同国のスンニ派地域で非道なスンニ派住民虐待を行ってきた。コッズ部隊が自分たちの支配エリアを拡大する目的で行ったのだ。

現在、これらの民兵部隊の多くは、イラクのシーア派連合部隊「人民動員隊」の中枢を担っており、一部の組織はイラク国軍に自分たちの戦闘員の一部を加わらせている。イラクの武装各派は指導者の個人的コネクションで複雑に入り乱れているが、コッズ部隊はそれぞれのボスたちを取り込むかたちで傘下に入れ込んでいる。イラクでは反イラン系のサドル派のようなシーア派民兵もあり、コッズ部隊も完全にイラクのシーア派勢力全体を掌握できているわけではないが、自分たちの手駒を使い、徐々に支配圏を拡大しつつある。

他方、シリアへもコッズ部隊はアサド政権を支援する立場で手駒を送り込んでいるが、それはイラクの武装グループから選抜したものだ。カタイブ・サイード・アルシュハダ、カタエブ・ヒズボラ、アサイブ・アフラル・ハク、ハラカト・ヒズボラ・アルヌジャバ、ラシュカル・イマム・フセインらが中心で、その中でコッズ部隊の名代的な立場にいるのが、カタイブ・サイード・アルシュハダ（殉教者大隊）司令官のアブ・ムスタファ・シェイバニだ。彼はバドル機構の元幹部で、現在はおそらくコッズ部隊の正式な工作員である。

また、イランには隣国のアフガニスタンから来た同じシーア派のハザラ人という部族が難民として多く居住しているが、そのハザラ人難民から構成した傭兵部隊「リワ・ファティミユーン」もシリアに送り込まれている。

これらの武装組織は完全にコッズ部隊の指揮下で動く。今回の米軍への攻撃も、コッズ部隊の命令によるものであることは確実だ。こうした傘下組織を使い、コッズ部隊はイラン本国からイラク、シリア、レバノンと繋がるイラン勢力圏のベルト地帯の構築に成功した。イランから武器や武器の部品や材料などがこのルートでレバノンのヒズボラに運ばれ、そこからハマスやイスラム聖戦に運ばれている。そうした工作のためにコッズ部隊の要員もシリアで活動しているが、2023年12月25日、イスラエル軍の空爆でこの工作のイラン人最高指揮者が殺害されている。

もっとも、コッズ部隊の謀略工作の危険なところは、そのレベルではない。事実上、シリア政府そのものも自分たちの半ば手駒にしてしまっていることだ。シリアのアサド政権は2011年に民衆蜂起で苦境に立ったが、コッズ部隊は配下のヒズボラをシリアに送り込み、反体制派弾圧に協力させた。また、コッズ部隊の軍事顧問が直々にシリアに入り、民衆弾圧を指導した。当時、民衆デモ弾圧に躊躇(ちゅうちょ)しているアサド政権軍将兵たちを、ペルシャ語を話す男たちが鼓舞し、民衆虐殺を指導していた場面の動画がいくつも拡散していた。

また、2015年半ばに反体制派が攻勢をかけ、アサド政権がシリア中枢部以外から撤退する直前まで追い詰められた時、ロシアが空軍部隊を派遣して反体制派攻撃に乗り出したことで戦況が一変し、アサド政権が延命したのだが、それもコッズ部隊のソレイマニ司令官（当時）

の工作だとみられる。というのも、その直前にソレイマニ自身がロシアを訪問しているからだ。そこでソレイマニがどう動いたか正確なところは不明だが、イランのイスラム革命防衛隊の上級司令官が「あの時、ソレイマニがプーチンを説得して引き込んだ」との裏話を現地メディアに証言したことがある。引き込んだのかどうかは不明だが、少なくともロシアと調整してアサド政権延命に成功したのは事実である。

アサド政権は現在、シリア主要部の支配権を確保しているが、イスラエルとの戦闘はさすがにリスクが高く、回避する方針だ。アサド政権とコッズ部隊の力関係でいえば、コッズ部隊がアサド政権を完全に支配下に置いたわけではないが、アサド政権は自分たちの延命を助けてくれたコッズ部隊に頭は上がらず、国土の支配地域をほぼ自由に使わせている。

コッズ部隊が手駒を使う手法

2023年10月19日には紅海を航行中の米海軍艦艇が、北に向かって飛翔する数機のドローンと巡航ミサイルを撃墜するという事件があった。発射したのはイエメンのシーア派系武装組織「フーシ派」で、米軍の分析では米艦艇を狙ったものではなく、イスラエルを狙った可能性が高いという。

さらに10月27日には、エジプト・シナイ半島のイスラエル国境近くに2機のドローンが飛来した。これもフーシ派がイスラエルを狙って発射したものと思われる。フーシ派は10月31日にも複数のミサイルと無人機をイスラエルに向けて発射したうえで「対イスラエル攻撃の継続」を正式に表明した。フーシ派も、コッズ部隊の軍事支援で武装している組織であり、一連の攻撃も同部隊の命令によるものだろう。

いずれにせよ、イランは自国の軍隊は直接の軍事行動に出していないが、「抵抗の枢軸」と名付けたこうした手駒たちを使って米軍やイスラエルに攻撃をかける挑発行為をやめる姿勢はみせていない。

フーシ派はイエメン内戦での一大勢力だが、もともとシーア派系でもあり、イランと良好な関係にあった。内戦当初はコッズ部隊との関係はそれほど深くなかったが、イエメン内で勢力を拡大していく過程で、コッズ部隊が目をつけ、ドローンやミサイルなどを供与して武装強化させた。

とくにフーシ派がイランの天敵であるサウジアラビアと敵対していたことも、コッズ部隊が介入を拡大する動機になった。フーシ派はイランから供与されたドローンや巡航ミサイルでサウジアラビアの石油施設を攻撃するなどしている。サウジアラビア空軍はしばしばフーシ派支配地域を空爆し、多大な民間人の犠牲者を出しているが、2023年秋にもサウジアラビア空軍の出撃準備の情報が流れた。しかし、フーシ派がイスラエルへの攻撃を始めたことで、サウジアラビアはフーシ派への攻撃を封じられた。この状況でフーシ派を攻撃することは、イスラエルに味方するのかとの批判を呼びかねないからだ。

フーシ派は以前からイスラエル批判を主張しているので、今回のハマス支持、イスラエル攻撃も不自然ではないが、結果的にサウジアラビア封じとなっている点は留意しておきたい。

なお、フーシ派はその後、紅海を航行するイスラエル系船舶への攻撃も宣言し、実際、イスラエル系所有の日本企業運用船舶を襲ったりしている。

フーシ派のこうした行動は、コッズ部隊の指示もしくは要請によるものである可能性はきわめて高い。

なお、こうしたフーシ派に対し、2024年1月11日、米英両軍が空爆に踏みきっている。

他方、レバノンのヒズボラの立場は微妙だ。ヒズボラはこれまでも何度もイスラエルと戦闘を行っており、今回もイスラエル軍と限定的な交戦状態に入っている。

ただし、11月3日にヒズボラ最高指導者ハッサン・ナスララは演説で、対イスラエル参戦を表明しなかった。彼は「我々がイスラエル攻撃を続けた際にはイランを攻撃する、と米国がメッセージを送ってきた」とも語っており、イランが米国との直接の戦闘を回避するために、ヒズボラの活動に制限をかけていることが示されたかたちだ。

以上をふまえてコッズ部隊の各地の手駒たちの行動を整理すると、①コッズ部隊の支援・指導を受けているハマス軍事部門とパレスチナ・イスラム聖戦が、イスラエルを奇襲攻撃 ②コッズ部隊の支援を受けているヒズボラがイスラエルと限定的交戦 ③イスラエルとパレスチナの緊張が高まった機会に、コッズ部隊の傘下のイラク民兵がシリアとイラクにいる駐留米軍を継続して攻撃 ④コッズ部隊の支援・指導を受けているイエメンのフーシ派が、イスラエルを攻撃。さらに紅海でも船舶襲撃、となる。

このように中東で暴走的なきわどい動きをする武装組織の裏にコッズ部隊がいるケースはたいへん多い。コッズ部隊の従来の手法だと、自分たち自身は表に出ず、あくまで「イランは無関係」とシラを切り通して本国へのリスクを回避しつつ、国外の手駒の武装勢力たちに暴れさせるというパターンをとるが、今回のガザ紛争でも基本的には同じやり方を踏襲している。外国人の手下を利用する彼らの危険な挑発行為は、まだまだ続きそうだ。

イラン機関パレスチナ支部長とハマスのイラン担当

2023年10月7日のハマスの奇襲が成功した大きな要因は、前述したようにハマス側の緻密な欺瞞（ぎまん）工作と、準備された作戦だった。イスラエル軍の内部情報を探り、オープンソースの地図データで作戦図を作り、ドローン使用法を開発して訓練した。それらは従来のハマスとは異次元と呼んでいいほどのレベルだ。

彼らが急速にインテリジェンスと戦術のレベルを向上させたのは、そうした謀略工作に通じているコッズ部隊の指導があったと考えるほうが自然だ。コッズ部隊の従来の外国勢力支援の手法をみると、単に資金や武器を提供するだけではないし、軍事訓練を施すだけでもない。組織の作り方、拡大させる方法、テロのやり方など、関係する外国のイスラム武装集団の指導を徹底的に行う。単なるスポンサーに留まらず、いわば師弟関係ないし主従関係になるのだ。ハマスは主従関係とまではいかないが、少なくともいまや完全に師弟関係にあるとみていいだろう。

前回の2021年の戦闘でハマスはイスラエル軍の空爆で壊滅的被害を受けたが、そこから戦力を再建するにあたり、支援したのはコッズ部隊だ。しかも、ハマス側は今回の奇襲作戦を2年かけて計画したと発表している。事実なら、ハマスがコッズ部隊に支援を要請しないはずがない。この奇襲におけるハマス側の過去に例のない周到な準備をみると、謀略のプロ中のプロであるコッズ部隊の影を感じざるをえない。前述したように、その中心的な役割はともにレバノン在住のイザディ・コッズ部隊パレスチナ支部長とアロウリ・ハマス政治局次長だろう。

こうして黒幕として水面下で事態を動かしているコッズ部隊だが、その最大の特徴はイランの権力システムの中で、きわめて特権的な別格の存在であることだ。大統領やその政府、あるいは形式上の対外安全保障政策の最高機関「国家安全保障最高評議会」の介入は一切受けない。それどころか、本来ならイスラム革命防衛隊に所属する特殊部隊という立場だが、実際には上司であるはずの革命防衛隊総司令官やイランの全軍部（国軍、革命防衛隊、警察治安部隊を含む）の統括者である総参謀長すら飛ばして、ハメネイ政権中枢（具体的にはハメネイ本人および、その官房組織である「最高指導者室」）と直結している。

これは、1997年頃から長くコッズ部隊を率いたソレイマニ司令官が、イラン・イラク戦争時以来の実績のある革命防衛隊の著名な軍人で、ハメネイに個人的にも信頼され、重く扱われたからだ。対IS戦では英雄としてイラン国内で宣伝され、革命防衛隊の他の誰よりも名が知られている。敵とみなしたイラクのスンニ派住民やシリアの反体制派と一般住民には凄まじい暴力を躊躇なく使う一方で、汚職とは無縁な清貧な暮らしぶりでも知られる。革命防衛隊上層部でも昔からの戦友たちに一目置かれており、防衛隊内部から敵意ある批判を受けたこともない。

こうしたソレイマニとハメネイの個人的な関係の深さから、コッズ部隊はイランでは特別な存在となった。ソレイマニ死後に、そこがどうなるかが注目されたが、ガーニ新司令官になっても格下げされたとの情報はない。現在もおそらく別格的な特殊機関の立場にあり、裏工作の全貌はハメネイ側近のわずかな一部高官のみにしか知らされず、革命防衛隊上層部を含めて、ほとんどは知らされていないと推測される。

さらに指摘するなら、海外の手駒を使う工作は、イランの政権の大義であるイスラム革命拡大の正当な作業、つまりはコッズ部隊の本来任務であり、コッズ部隊はハメネイ最高指導者から全権を一任されている可能性が高い。となれば、事前にいちいちハメネイに報告して認可を得るよう話でもなかったのではないか。

仮にそうであれば、今回のハマスの奇襲は、コッズ部隊は知っていても「イランは知らなかった」ということはあり得る。歴戦の謀略工作機関であるコッズ部隊が、自分たちの存在の足跡を不用意に残していくとも思えず、証拠は出てこないかもしれないが、コッズ部隊が計画にまったく関与していないとは考えにくい。

イスラエルが追うハマス側の5人のキーマン

2023年12月はじめ、イスラエル軍はガザ南部への攻撃を強化したが、とくにハンユニスの難民キャンプへの攻撃を強めている。そこにハマス最高幹部らが潜伏している可能性を重くみているようだ。

なかでもイスラエル軍が重視している〝標的〟が、ハマスのガザ代表であるヤヒヤ・シンワルだ。彼はハマス政治局から任命されてその表の地位に任ぜられた人物で、ハマス内でも事実上、トップのイスマイル・ハニヤ政治局長（彼はもともとハマス元最高指導者のアハマド・ヤシン師の側近）と並ぶ実力者とみられている。

シンワルは単なる政治指導者ではなく、カッサム旅団と深い関係がある。彼はもともとハマス創設まもない頃に結成されたカッサム旅団の前身組織である警察的機構「アル・マジド」の創設者で、ハマス草創期から対イスラエル・テロを主導してきた人物だ（筆者注：アル・マジドは現在もハマス公安警察として存続）。早くにイスラエル当局に拘束され、長期の獄中生活を送ったが、2001年に捕虜交換で解放されてハマスの上級幹部に復帰。2017年にガザ地区トップの「ガザ地区代表」に任命された。

こうした経歴から、彼は単なる政治部門のガザ代表に留まらず、カッサム旅団の上位にいるとみられる。イスラエル当局が彼を追っているのは、今回の奇襲の責任者とみているからだ。

イスラエル当局がガザで追っている重要な標的はさらに2人いる。カッサム旅団司令官のムハマド・デイフと、彼の右腕であるマルワン・イッサ副司令官だ。デイフはカッサム旅団の創設時からの主要メンバーで、1990年代には数々の自爆テロ作戦を主導。前任の司令官たちが殺害された後、2002年からカッサム旅団の司令官だが、完全に地下に潜伏して活動しており、その動静は不明だ。イッサはデイフの副官だが、ハマス政治局ではカッサム旅団代表としてデイフ司令官を代行している。

他方、ガザ以外で活動しているハマス幹部で、カッサム旅団と直結する人物が2人いた。一人はカッサム旅団西岸地区創設司令官だったアロウリ政治局次長で、前述したように近年はレバノンに潜伏し、コッズ部隊およびヒズボラ軍事部門との連携を担当していた。しかし、2024年1月2日、潜伏先のベイルート南郊でイスラエル軍の無人機に爆殺された。

もう一人は、ハリド・メシャール前政治局長だ。彼は1995年から長くハマス政治局長を務め、ハマス政治部門内でも最強硬派としてカッサム旅団も統括していた。2017年に政治局長をハニヤに譲ってトップの立場を引退した身ではあるが、いまだにハマス内では強い影響力を持っている。その人脈からすると、おそらく現在もカッサム旅団上層部と繋がっているものとみられる。

このメシャールは活動拠点がカタールで、ガザにはいないので、もし狙うとすれば軍事作戦ではなく暗殺工作になる。実行するならモサドということになるだろう。また、カッサム旅団と連携するコッズ部隊のイザディ・パレスチナ支部長も、おそらく標的リストにあがっていると推測される。

このようにイスラエルが狙うのはハマス幹部といっても、優先される標的は軍事部門の関係者たちだ。ハマスの表の政治部門の幹部たちは、イスラエルにとっては比較的、脅威度が低いからである。

第2章

知られざる情報戦

～ウクライナ戦争の深層～

ウクライナを支えたCIA

2023年10月23日、米紙『ワシントン・ポスト』が興味深いスクープを報じた。メディアがウクライナ情勢を追う際に、秘密が多いため接触が最も難しい「情報機関」の活動を知るウクライナや米国、他の西側諸国の関係者を20人以上も取材し、ウクライナの戦いに米CIA（中央情報局）がどう関与していたか、言い換えると、ウクライナをどう助けていたかの詳細を初めて明らかにしたのである。

同記事によれば、なんと2014年のロシアのクリミア侵略の時期から米CIAが介入してウクライナの情報機関である「保安庁」（SBU）や国防総省「情報総局」（GUR）を育成し、最新の情報収集用機材・施設を提供し、それが2022年のロシア軍の攻撃に対し、戦力に劣るウクライナ軍の善戦に繋がったというのだ。

ウクライナ軍の善戦に貢献した西側諸国の支援については、武器の供与がずっと大きく報じられてきた。しかし、実際はそれだけではない。ロシア側の情報を収集してウクライナ側に伝え、同時にロシア情報機関からウクライナ側を守る、いわゆる「情報戦」でCIAが決定的な役割を果たしていたのだ。

この情報支援については、おそらくそれなりのことはされているだろうという推測はときおりメディアでも提示されていたが、実際の詳細は最高機密情報であり、確認が難しかった。それが初めて明らかになったのだ。

それによると、CIAは2014年以降、数千万ドルを投じ、ウクライナの情報機関の能力強化を進めてきたという。まず、元FSB（ロシア連邦保安庁）ウクライナ支部だったSBUにはロシア側内通者がいる懸念があったため、新たに「第5局」という部局を作り、そこから支援を始めた。その後、イギリスの情報機関「MI6」と連携するための専門部局「第6局」という新部局も作られている。

そこからCIAは信頼できるSBU工作員と連携し、強化していった。SBUの訓練施設はキーウ郊外に設置された。目的はウクライナ東部の親ロシア派支配地域で情報収集し、敵陣営に情報提供者を獲得するために、敵地に潜入して活動できる要員を育成することだった。ロシア側の電話や電子メールを傍受する機器を供与したほか、潜入用の敵陣営の制服まで準備した。

こうした支援を得て、SBUはロシア側の情報を入手する手段をある程度、獲得した。そのため、2022年2月のロシア軍侵攻の後も、SBUはロシア側の重要な標的について決定的な情報入手に成功し、複数のロシア軍司令官を殺害した。ワレリー・ゲラシモフ参謀総長を間一髪で逃した攻撃も、ＳＢＵの作戦だったという。

ただ、ＳＢＵは戦場以外での非軍人への多くの暗殺工作を実行することもあり、ＣＩＡとは適度な距離感を保ちつつ、現在も協力関係は続いている。キーウにはいまだにＣＩＡの工作員がおり、活発に活動しているとのことだ。なお、２０２２年、ウクライナ国内のＣＩＡの通信網にロシア製モデムが使用されていることをＳＢＵが発見し、大規模な除去作業を行ったという。ＳＢＵは本来、防諜機関でもあるのだ。

他方、ＧＵＲとＣＩＡの関係はもっと密接だ。

ＧＵＲの将校は若手が多く、ロシアの内通者がいる懸念はほとんどなかった。若手中心のため、ＣＩＡは一から育成し直した。要員をウクライナと米国の両方で訓練し、高度な監視システムを供与し、各部局に設備の整った本部施設を供与した。ＳＢＵよりずっと少ない５０００人以下の陣容だったので、ＣＩＡとしてもやり易かったようだ。

しかし、この少数精鋭のＧＵＲが実戦で大活躍した。

まず、ＣＩＡはかねてＧＵＲの電子戦部隊の専用の施設を建設しており、そこでは毎日、ロシア軍とＦＳＢの25～30万本の通信を傍受できた。もちろんＧＵＲだけですべての分析は無理なので、そのデータは米国に送られ、ＣＩＡと米国防総省の信号情報機関「国家安全保障局」（Ｎ

2022年2月24日に開始されたロシアによるウクライナへの全面侵攻

ウクライナ周辺図

SA）の分析官が解析した。つまり、現場で情報を集めるのはウクライナの要員だが、米情報機関はロシアとの情報をめぐる戦いに直接、参戦していたのだ。

そうなれば、IT技術力で優る米国の圧勝だ。ウクライナ軍はこうしてロシア側の筒抜けの情報を随時入手し、戦場で有利に戦うことができた。なお、CIAがGURに供与したものには、たとえばロシア支配地域の回線に設置できるモバイル機器だとか、あるいはモスクワからロシア占領地を訪問するロシア政府高官の携帯電話に仕込むマルウェアのツールなどもあったという。

ハイテク機器だけではない。CIAはGURの若い将校にも、敵陣営でスパイを獲得する手段の訓練を施しており、実際、GURはFSBを含むロシア治安機関内に独自の情報網を構築したとのことである。

ここまで公表してしまって大丈夫なのかと心配になるが、供与した最新機材・施設もほとんど無傷で運用されており、対ロシア戦でのCIAとウクライナ情報機関の共同戦線は今後も盤石なようだ。

なお、同記事ではロシア国内で要人暗殺や市街地への無人機攻撃など、さまざまな破壊工作を行うSUBやGURの個々の作戦で、CIAは直接の支援は行っていないと書かれている。

個々のダーティな破壊工作には米国として賛成できないこともあるため、そこについてはウクライナ側が独自に行うということだ（ただし、例外としてウクライナ機関が無人ボートなどで行うロシア海軍拠点・艦艇への攻撃などで必要な衛星通信の支援などはあるようだ）。

そうしたロシア国内での破壊工作での直接的な支援が明るみに出れば当然、ロシア側の強い反発を呼ぶことは必至だ。したがって、米情報機関の直接的関与は仮にあったとしても、それは秘匿される。同記事の記述も、その点だけはどこまで事実かは不明であることに留意したい。

米軍と米情報機関の秘密工作の実態

ウクライナに侵攻したロシア軍が苦戦した背後では、米国がウクライナ軍を情報面で強力に支援していた。２０２２年4月27日の米ＮＢＣテレビが、米国当局の現職と元職の高官からの情報として、その一端を伝えている。

そもそもロシア軍の苦戦の最大の要因は、開戦直後からウクライナ軍の防空システムや航空機を破壊できず、航空優勢の確保に失敗したことで、空軍機による大規模な空爆ができなかったことだ。ＮＢＣによるとそれは、米軍がロシア軍の空爆がいつどこを狙ってくるのかを前もって察知し、ウクライナ軍にリアルタイムで教えたため、ウクライナ軍は防空システムや航空機を隠すことができたからだという。

ウクライナ軍は米国の情報機関の支援により、ほぼ毎日、防空システムや航空機を移動し続けており、ロシア軍はしばしば移転後の空っぽの施設を攻撃していたとのことだ。

前述したように、米国とウクライナの軍事・情報協力は2014年のクリミア侵攻以来続いてきたが、2022年2月24日のロシア軍侵攻の数週間前に、米軍の担当班がウクライナ軍の防空体制を調査し、効果的な攻撃回避策を助言したという。

他方、米軍はロシア軍のリアルタイムな位置情報もウクライナ軍に提供していた。それによってウクライナ軍はロシア軍を効果的に攻撃できた。当初、米軍当局は「一般的なロシア軍に関する認識のために情報はウクライナ軍に提供しているが、直接的なターゲティング（標的照準）情報は提供していない」と米メディア各社に説明してきたが、やはりターゲティング情報まで提供していたのだ。

さらに、CIAはウォロディミル・ゼレンスキー大統領をロシアから保護するために多大な協力をしているという。安全な移動方法の指導などをしているようだ。

米国がウクライナ側に提供している最重要な情報は、ロシア軍の作戦に関するリアルタイムな情報らしい。もちろんどのようにそれを入手しているのかは軍事機密だ。現在進行形の水面下の秘密活動については、米当局も詳細についてはメディアにリークはしない。ではどのような具体的な協力が行われているのか、筆者なりの推測を交えて列記してみよう。

①詳細な画像データからのロシア軍の位置情報の提供

米軍は、世界一高性能の偵察衛星を数多く飛ばしている。これらは上空を90秒程度で通り過ぎるため、動画撮影で継続的な偵察はできないが、各衛星の軌道を調整することで、数時間毎に画像撮影することができる。その解像度は数センチという高精度のもので、そこからロシア軍の展開を分析し、おそらく生データではなく加工データにしてウクライナ軍に提供している。また、米軍はグローバルホークなどの無人偵察機でもおそらくかなり広範囲に偵察を行っており、そちらからの情報も提供している。

2022年4月25日、米軍の情報機関「国家地理空間情報局」（NGA）のロバート・シャープ長官はデンバーの関係会議で「我々は、ウクライナがキーウを守るための西側の支援の主要部分を担った」と発言した。彼によると、NGAはウクライナがさまざまな商業衛星画像を入手・利用することを助けたとしているが、おそらく商業衛星に限らない。

そしてこれらの画像情報は、米欧州軍欧州統合情報作戦センター分析センター（イギリスのモールズワース基地）で統合分析され、同センターを統括する米国防情報局（DIA）を通じて、米軍ルートもしくはCIAルートでウクライナ当局に提供されたと思われる。いくつかの米メディアの内幕報道で、米軍の情報は欧州の拠点からウクライナ側に伝えられていると言及されたが、それはおそらくこのモールズワース基地のことを指す。前述のセンターは、米欧州軍の情報活動の一大拠点で、欧州での米軍のインテリジェンス活動の本拠地である。イギリスに置かれているが、英軍の情報機関とも非常に密接に連携している。

②高性能偵察用無人機システムの提供

前述のシャープNGA長官は、ウクライナ支援の文脈でひとつ興味深いことを語った。彼は〝ウクライナ〟とは明言しなかったが、2022年3月に要員を米欧州軍に派遣し、〝軍事パートナー〟に対して、高性能小型無人機を使う「航空偵察戦術的エッジマッピング画像システム」（ARTEMIS）の訓練を施したという。これは、高性能なセンサーを搭載した小型無人機を運用することで、リアルタイムで詳細な戦術情報を画像で地図化する高精度なシステムだ。これがウクライナ軍の作戦に活かされたとすれば、効果は大きかったと思われる。

③ロシア空軍の動きを捕捉するレーダー情報

前述したように、ウクライナ軍は米軍の情報提供により、ロシア空軍の敵防空網制圧（SEAD）を回避して生き残った。そのロシア空軍に関する情報だが、ロシア軍機に関しては、NATOの早期警戒管制機（AWACS）による情報が重要だ。これについては「あくまでウクライナ国内ではない活動」ということで、NATOが米英メディアには取材させて公開している。

NATOはドイツ西部のガイレンキルヒェン航空基地を司令部として唯一の常設部隊として合同AWACS部隊を運用しているが、その14機のE－3早期警戒機がポーランド上空や黒海上空をしばしば監視飛行している。そこでロシア軍機の動きを監視し、その情報をウクライナ軍に伝えているのだ。

この情報はロシア軍機に対する防空戦闘にも活かされるが、前述したようにロシア軍のSEADを回避するのにも役立っている。NATOの早期警戒管制機が上空を監視しているため、ウクライナ軍の防空レーダーは広い空域を監視するための強力なレーダー波を発する必要がない。そのためロシア軍に見つかりにくいということもある。

こうして事前に警戒情報が伝えられれば、ウクライナ軍は航空機や防空システムを移動させる。なお、米国が公式に認めているのはウクライナ域外でのAWACSだけだが、その他にもいくつもの偵察機が同空域で偵察・監視の飛行を行っている。軍事専門誌『軍事研究』2022年6月号の石川潤一氏のレポートによれば、航跡表示アプリ「FR24」などで確認できただけで、米軍の「E−8Cジョイントスターズ戦場指揮管制機」「RC−135Uコンバットセント電子偵察機」「RC−135V／Wリベットジョイント電子偵察機」「WC−135Wコンスタントフェニックス大気観測機」「U−2Sドラゴンレディ高高度偵察機」「EP−3EアリーズII電子偵察機」「RC−12Xガードレール電子偵察機」「EO−5C例高度偵察機」、英軍の「センチネルR1戦場監視機」「RC−135Wエアシーカー電子偵察機」、米英両軍の「P−8Aポセイドン哨戒機（しょうかいき）」、仏軍の「C−160Gガブリエル電子偵察機」「ビーチクラフト350ER／ALSA偵察機」「アトランティック2哨戒機」、イタリア軍の「E−550早期警戒機」、ドイツ軍の「P−3Cオライオン哨戒機」、ノルウェー軍の「ダッソー・ファルコン20ECM電子偵察機」、スウェーデン軍の「サーブS−100Dアーガス早期警戒機」「ガルフストリームS102Bコルペン電子偵察機」他、多種の航空機が飛び回っていたという。

それ以外に無人偵察機でも米軍が「RQ−4Bグローバルホーク偵察機」、NATOが「RQ−4Dフェニックス」を投入している。無人機はその他にも米軍が「MQ−9リーパー／ガーディアン」なども投入していたようだが、開戦後にウクライナ領内で使われたとの情報は確認されていない。いずれにせよ、それらの偵察機情報も前述した米欧州軍欧州統合情報作戦センター分析センターを中心とする米軍・米情報機関ルートでウクライナ軍に伝えられているものとみられる。

④電波傍受・通信解読

米軍がロシア軍を監視する手段は画像偵察やレーダー情報だけではない。米軍は前述したような早期警戒管制機、無人偵察機、各種偵察機、それに高高度の静止軌道上に配置された監視衛星などで、ロシア軍の各種電波を傍受している。そして、軍事電波の解析でロシア軍の活動を探るとともに、通信の解読でロシア軍の内部情報を探っている。

そうした信号情報収集・分析を統括するのが国防総省の「国家安全保障局」（NSA）だ。NSAは地球規模の通信傍受を行っており、ウクライナの戦場だけでなく、モスクワの通信傍受も行っている。そうした情報からロシア軍の作戦内容を掴んだ可能性もある。

⑤ハッキング

NSAは世界最高レベルのハッカー集団でもある。ロシア政府あるいはロシア軍の内部に極秘にアクセスできれば、それこそ敵の手の内をまるごと知ることができる。今回、米国がロシアの行動をかなり詳細に把握できていたのは、このハッキングによる可能性がきわめて高い。ただし、そこは最高度の機密であり、詳細は明らかにされていない。前述したように米当局からウクライナへの情報協力のネタがいくつか米主要メディアにリークされている一方、ハッキング分野に関するリークが〝まったくない〟ということ自体が、逆に怪しい。

⑥サイバー攻撃の回避

今回、ロシア軍のサイバー戦と電子戦がきわめて脆弱（ぜいじゃく）だったことも、ロシア軍の苦戦の大きな原因だが、それは前述したように米情報機関のウクライナ情報機関への協力が大きく影響している。たとえば『ニューヨーク・タイムズ』2022年4月6日付によると、米国はロシアがネットワーク上に仕込んでいた無数のマルウェアを、開戦と同時に密かに削除していたという。

その削除したマルウェアの具体的な内容については不明だが、おそらくウクライナに対して仕掛けた「ロジック・ボム」（前もって仕込んでおき、有事に起動するマルウェア）も相当数が含まれているものと思われる。つまり、米国がロシアのサイバー攻撃を防いだ可能性がきわめて高いのだ。

こうした工作を担うのは米軍のサイバー軍および事実上サイバー軍と表裏の関係で連携する米国防総省のNSAだが、それらの機関は逆にウクライナ軍のふりをして、あるいはウクライナ軍を指導して、ロシア軍の側に密かにサイバー攻撃を仕掛け、ロシア軍のネットワークにダメージを与えたものとみられる。

これらのサイバー分野での攻防については、ウクライナのサイバー戦部門が優秀であることや、西側の民間サイバー企業がウクライナに協力していた話がときおり西側メディアで紹介されている。それらも事実ではあるのだろうが、ウクライナへのサイバー戦支援の本丸はやはり米国の専門機関だ。ただし、サイバー戦で米サイバー軍・NSAがいかにウクライナ支援にあたってきたかの具体的な詳細情報は厳重に秘匿されている。政治的な意味もあるが、ロシア側に手の内を明かさないためにも必要な措置である。

⑦スターリンク工作の支援

今回、ウクライナ側は早い段階から民生用ドローンの偵察部隊を組織し、実際にロシア軍の位置情報把握に多大な効果を上げた。しかし、民生用ドローンがロシア軍を相手に使えると最初からわかっていたのかどうかは不明だ。もしかすると、米国からロシア軍の電子戦を妨害する旨を事前に知らされていたのではないか。

また、ドローンによる情報をウクライナ軍が安定的に共有するのに、開戦後にスペースX社から提供されたスターリンクの衛星インターネット回線が決定的な役割を果たした。この導入に際しては、スペースXのイーロン・マスク氏とウクライナのミハイロ・フェドロフ第一副首相兼デジタル改革担当相のやりとりばかりクローズアップされたが、短期間で多数の衛星通信送受信機が配布されるなど、おそらく米情報機関が裏で支援していたものと推測される。

このように、米国は裏でかなりの支援をしていたものと思われる。ただし、繰り返し指摘するが、その詳細はまだ軍事機密であり、全体像が判明するのは〝戦後〟ということになりそうだ。

⑧特殊部隊のウクライナ秘密潜伏

CIAなどの情報機関以外にも、米英など西側の軍の特殊部隊がウクライナ国内に密かに潜伏し、ウクライナ側を支援している。この分野もロシアに秘匿しておきたい最高度の機密情報なので欧米メディアがリークを受けて報じることはほとんどないが、ひょんなことからその実態の一部が外部に漏洩(ろうえい)したことがある。

それは2023年4月に発覚した米軍インテリジェンス情報の漏洩事件でのことだ。これは米国のマサチューセッツ空軍州兵の21歳の情報インフラ保安担当者が、職務でアクセスした軍の機密情報多数をネット上に漏洩していた事件で、この保安担当者が同年4月に逮捕されて機密情報の漏洩が公になった。実に多くの機密情報が漏洩したことで、米軍は多大なダメージを被ったが、その漏洩情報の中に、なんとＮＡＴＯ諸国からウクライナに派遣された特殊部隊に関する報告書があったのだ。

同年4月11日付の英紙『ガーディアン』の「今年、50人のイギリス特殊部隊がウクライナに存在していると米国リーク文書」と題した記事によると、その文書は米情報機関の内部報告書で、そこに２０２３年2月から3月の時点でウクライナ国内にいるＮＡＴＯ諸国からの特殊部隊員の数を記した文書があったという。

それによると総数は97人。このうち最大は50人のイギリスで、次いで15人のフランス、14人の米国ということだった。

これらＮＡＴＯ特殊部隊員は、基本的にはウクライナ軍との連絡将校であり、作戦や警護や情報分野のアドバイザーであり、広義の情報活動要員である。イギリスが多いというのは、おそらくこうした現地潜入工作で経験値の高いＳＡＳ（英陸軍特殊空挺部隊）がメインで投入されているからだろう。

ＳＡＳはＳＢＳ（英海兵隊特殊舟艇部隊）と並ぶ英軍の特殊部隊だが、国外での特殊作戦では歴戦の部隊である。１９８０年代のアフガニスタン工作や１９９１年の湾岸戦争などでも現地に派遣され、軍閥組織化工作などを主導したことが知られている。

いずれにせよ、こうした特殊作戦では米英は密接に連携するのが常で、ウクライナでの秘密活動でも米英の特殊部隊と情報機関が共同でウクライナ支援工作を行っていたものと推測される。おそらくウクライナ事情に精通する米ＣＩＡの作戦本部所属の情報員をチーフとし、米英の各情報機関、さらに特集部隊が連携してウクライナ支援の共同作戦を行っているのだろう。そしてフランスをはじめとするＮＡＴＯ主要国の情報機関・特殊部隊はそこに協力するというかたちをとっているのだろう。

ウクライナ情報機関の知られざる戦い

前述した２０２３年10月23日付『ワシントン・ポスト』には、米情報機関のウクライナ支援工作の実態に加えて、きわめて興味深いスクープ情報も含まれていた。ウクライナ情報機関の対ロシア秘密破壊工作の実態を米情報当局がどうみているかという情報だ。同記事のソースは主に米情報当局関係者なので、100%の裏がとれた情報とは断定できないが、そこには下記のような話が含まれていた。

▽2022年8月、モスクワでロシアの著名な戦争推進派思想家の乗る車に爆弾を仕掛け、たまたま乗った彼の娘を爆殺したのはSBUの暗殺工作。

▽2023年7月、ロシア南西部のクラスノダールでジョギング中だったロシア海軍元潜水艦艦長を射殺したのは、GURの暗殺工作。

▽2023年4月にサンクトペテルスブルクのカフェで軍事ブロガーを爆殺したのもウクライナ機関。

▽過去20カ月の間に、SBUとGURは数十件の暗殺を実行。

▽GURは無人機でロシア国内を数十回も攻撃した。モスクワの高層ビルを攻撃したのも、クレムリン屋上で無人機を爆破させたのもGURの作戦――。

また、2022年9月にバルト海のパイプライン「ノルド・ストリーム2」が爆破された工作について、米国や他の西側情報機関は、ウクライナ機関が関係していると結論付けているという。なお、こうしたSBUやGURによる秘密工作は、ゼレンスキー大統領の了解がなければ実行されないとのことである。

ロシア＝ウクライナ戦争では、正面での軍事的な作戦以外にもさまざまなサボタージュ（破壊工作）行為が行われている。ただし、サボタージュの場合は通常、互いに自分たちの犯行であることを秘匿するため、その真相が不明なことも多い。

ただし、その中には、ウクライナ側によるものと推測されるものも多い。今回の戦争はロシア側が一方的にウクライナを侵略したものであり、非は明らかにロシア側にある。だが、ウクライナ側が秘密の破壊工作を認めていないからといって、彼らがすべて正直に発表しているわけでもない。

たとえば2023年5月3日未明のクレムリンへのドローン攻撃だ。深夜に2機のドローンがクレムリンに迫り、着弾直前に爆発したものである。前述した2023年10月23日付『ワシントン・ポスト』では、これはGURの犯行だと断じている。

この件については、ロシアはウクライナの犯行と非難し、ウクライナは関与を否定している。もっとも、この事件では当初からロシアによる偽旗（にせはた）作戦、つまり自作自演を疑う声が広く上がった。しかし、それを裏付ける根拠となるエビデンスは一切なかった。

筆者ももちろん情報は持っていなかったのだが、この偽旗作戦説には当初から違和感があった。仮にウクライナの犯行と見せかけてロシア国内で破壊工作を行うとしても、ロシア側の防空体制の危機を強調し、プーチン政権のメンツを潰すクレムリン危機一髪の破壊工作は、ロシアの従来の破壊工作とはかなり異質なものだからだ。

なお、米紙『ニューヨーク・タイムズ』は2023年5月25日、「米情報機関はロシアとウクライナの通信傍受情報から、この攻撃はウクライナの情報機関か軍情報部隊が計画した可能性が高いと分析している」と報じた。今回のウクライナ侵攻に関する情報は、通信傍受（おそらくメインはハッキング工作と思われる）によりロシアやウクライナの内部情報をかなり正確に把握していると推測される米情報当局の情報の確度が圧倒的に高い。

そして、その確度の高い米情報機関情報は、そこに太い取材ルートがある米主要メディアが圧倒的に強い。なので、もちろんすべてを信じることはできないが、『ニューヨーク・タイムズ』が米情報機関筋情報として報道した内容は、一連のウクライナ侵攻関連情報に限っては、非常に信憑性が高い。

なお、このドローン攻撃について、イギリス国防省筋の情報を引く英各メディアや、日本でもメディア各社が引用する米国の民間シンクタンク「戦争研究所」（ＩＳＷ）は、ロシアの偽旗作戦説をとってきた。ただし、イギリス国防省が日々発信するウクライナ侵攻関連情報は、ロシア側を牽制する誇張された情報がきわめて多く、公式機関の発信情報ではあるが信憑性があまりない。ISWは日々の戦局の分析は正確性が高いが、ロシア側内部情報などではやはりロシア側を牽制する不確かな情報が多いので、その点は注意を要する。

このロシアへのドローン攻撃は、その後も続いた。2023年5月30日にはモスクワに複数のドローン攻撃が試みられた。狙われた場所のひとつは、ロシア政府高官や新興財閥など有力者が多く居住するモスクワ西部の高級住宅地だった。

ロシア国防省の発表では、飛来したドローンは8機。うち5機は地対空ミサイル・システム「パーンツィリーS1」に撃墜され、残り3機は電子戦攻撃により制御不能になって墜落したという。もっとも、これはあくまでロシア側の発表であり、実際には20~30機のドローンが使われたとの未確認情報もある。ウクライナ当局は、20機のドローンが撃墜されたが、その破片が直撃した建物がいくつかあったとしている。

こちらのドローン攻撃はかなり大規模なものだが、この時はロシア偽旗作戦説はほとんど出なかった。これだけ大規模な攻撃となれば、ウクライナ軍の作戦とみていいだろう。ウクライナ軍にはドローン部隊が多くあるが、対ロシアの秘密工作なので、こちらもおそらくGURの作戦である可能性が高い。前述のワシントン・ポスト記事でもGURの作戦と断じているが、おそらくそのとおりだろう。

ドローン攻撃はもちろんロシア軍によってウクライナ各地で行われているもののほうが圧倒的に多いが、ウクライナ軍によるロシア領内へのドローン攻撃も頻繁に行われている。その多くはウクライナ国境に隣接するベルゴロド州、ブリャンスク州、それにクリミア半島で、標的は主に軍事飛行場と軍の燃料補給拠点である。ロシア軍の戦力を弱体化させるほどの規模ではないが、揺さぶりをかけるには合理的な標的選定といえる。

反プーチン派ロシア人部隊と外国人特殊部隊

さらにウクライナ側による秘密工作の一環と位置付けていいものに、反プーチン派ロシア人部隊のウクライナから隣接するロシア領ベルゴロド州への越境攻撃がある。こちらもウクライナ政府は関与を否定しているが、これらのロシア人部隊はウクライナ軍の管理下にある。

2023年5月22日から数日間、計数百人とみられるロシア人部隊が装甲車およそ10台などでベルゴロド州に侵入し、ロシア部隊と交戦した。交戦といっても、本格的な侵攻ではなく、英語メディアの多くはサボタージュ（破壊工作）と報じている。

この戦闘で互いにどれほどの被害が出たか、正確なところは不明である。反プーチン政権ロシア人部隊の側は、自分たちが奇襲・短期間制圧・撤退に成功したことを喧伝しているが、現地からはロシア人部隊が使用した米国製車両などの残骸の映像が出ており、ロシア政府側が主張する「撃退に成功した」が実態に近い可能性が高い。ただし、それほど激しい交戦をした形跡は見られず、反プーチン派ロシア人部隊は奇襲から早い段階で撤退したものとみられる。

このエリアにはロシア軍の主力部隊は配置されておらず、ロシア側は現地の治安部隊が応戦しているが、それでも両者の戦力には大きな差があり、数百人規模の侵入〝破壊工作〟チームではロシア部隊にはとても太刀打ちできなかっただろう。しかし、その侵入は2023年3月のロシア領ブリャンスク州への越境攻撃など過去のケースに比べて明らかに一段階は大規模なもので、ロシア側は警戒を強めている。

この越境作戦に参加したのは、「自由ロシア軍団」と「ロシア義勇軍団」の2組織である。前者はプーチン政権に反発する層を広く取り込んでおり、投降ロシア兵も多数含まれている。また、後者のロシア義勇兵軍団は、もともとサッカーのフーリガン・グループを中核とするネオナチ系のメンバーが主流だ。前述した2023年3月のブリャンスク州越境攻撃はこの部隊の作戦である。

ロシア人の反プーチン勢力としては、これら以外にもロシア国内での破壊工作に犯行声明を出している組織「国民共和軍」があるが、この組織の実態は一切、秘匿されている。なお、以上の3組織は2022年8月にウクライナでプーチン政権打倒の共同宣言を発表している。

これらの反プーチン派ロシア人武装勢力の対外スポークスマン的な役割を担っているのが、ロシアの元下院議員であるイリヤ・ポノマリョフだが、厳密にいうと、彼は3組織でもとくに自由ロシア軍団の代弁者になる。ウクライナに亡命している彼は、しばしば外国メディアと会見するが、彼の話によると、ウクライナにいるロシア人義勇兵の総数は約4000人。そのうち彼と最も関係の深い自由ロシア軍団は約1000人いるとのことだが、おそらくこれらの数字はかなり誇張されている。4000人いれば明らかにもっと大規模な攻撃が可能であり、現時点でわかる範囲でいえば、合わせて数百人規模までだ。

ロシア義勇軍団の指揮官はやはりフーリガン系ネオナチで知られるデニス・カプースチンで、彼自身も外国メディアの取材を受けているが、彼はあくまで自分たちの作戦であることを強調し、ウクライナ軍の指示ではないとしている。ウクライナを活動拠点にしているが、ウクライナ軍から受けている支援は燃料や食料だけで、武器や弾薬は自前で調達しているとしている。

だが、この話はかなり疑わしい。ウクライナは開戦初期から外国人義勇兵を広く受け付けており、日本人を含めて多く外国人義勇兵は存在する。そのほとんどはバラバラにウクライナ軍に配属されるのではなく、外国人義勇兵部隊というかたちで編制されている。その中でも勢力が大きいのが旧ソ連圏からの義勇兵部隊で、ジョージア人部隊やチェチェン人部隊などがある。もともとプーチン政権と敵対していた彼らの主力は、実は2014年からロシア軍と戦うためにウクライナ軍に参加している。反プーチン派のロシア人部隊もこの系譜に連なる。

これら外国人部隊はもともと、GURの管理下にあった。GURは旧ソ連軍参謀本部情報総局（GRU）の流れを汲む機関であり、GRU時代からの特殊部隊（スペッツナズ）を運用していた。2014年のドンバス紛争で、親ロシア派民兵と最初に戦ったのがこのGUR傘下の特殊部隊で、外国人義勇兵の主力もその傘下に入った。

だが、2016年に組織改編があり、特殊部隊でも秘密工作色の少ない部隊が新設された軍の「特殊作戦部隊」（SSO）に組み込まれた。ただし、旧ソ連系以外の外国人義勇兵が多く所属していた「ジョージア軍団」は特殊作戦部隊ではなく、ウクライナ陸軍第25自動車化歩兵大隊の隷下に移された。つまり、ジョージア人および旧ソ連圏出身以外の外国人義勇兵の多数は陸軍傘下に、ロシア人を含むそれ以外は特殊作戦部隊の所属となったのである。

その後、2022年2月の開戦後は世界中から多数の外国人義勇兵が来たことから、外国人義勇兵を一括して編制する必要が生じ、国軍傘下の義勇兵部隊「地域防衛隊」の隷下に「国際軍団」が編制され、そこに各外国人部隊も所属した。

「自由ロシア軍団」「ロシア義勇軍団」に加え、チェチェン人部隊の「ジョハル・ドゥダエフ大隊」「シェイク・マンスール大隊（イスラム系）」「カムザット・ゲラエフ合同任務分遣隊」「イチケリヤ独立特殊任務大隊」、さらに反ルカシェンコ派ベラルーシ人の「パホニア連隊」、中央アジア系諸民族の「トゥラン大隊」、米国人主体の「オメガ大隊」、カナダ人主体の「カナダ・ウクライナ旅団」、多国籍の「ノルマン旅団」「ヴォフコダフ大隊（日本人義勇兵を含む）」などがある。

なお、実績のあるジョージア軍団はそのまま陸軍に残ったが、そこに参加していた各国出身の義勇兵は前述の国際軍団の各部隊に転属されている。そして、これらの地域防衛隊国際軍団の外国人義勇兵部隊は、それぞれ陸軍の西部、北部、東部、南部の4個作戦管区の指揮下に入った。

もっとも、すべての外国人義勇兵がこうして陸軍の作戦管区の作戦に組み込まれているわけではない。これら外国人義勇兵の中には歴戦の兵士も多く、偵察や奇襲、秘密工作などの特殊作戦の経験を積んだ兵士も多い。こうした外国人兵士を国際軍団からスカウトし、外国人義勇兵を中心とする特殊部隊も編制された。指揮しているのはGURとみられる。

それ以外にも、高度に政治的な特殊作戦はやはりGURの管轄だ。今回のロシア自由軍団とロシア義勇軍団の越境攻撃も、おそらくGURの作戦になる。

ウクライナ国防省情報総局（GUR）局長の任務

とにかくGURは、対ロシア工作ではウクライナ側では圧倒的な存在感を持つ工作機関である。局長のキリーロ・ブダノフ中将は2024年2月現在まだ38歳と若いが、秘密工作畑一筋のプロである。

ブダノフの経歴は非公開な部分が多いが、陸軍士官学校を出てすぐGURに配属され、同局特殊部隊などで特殊工作に従事したものとみられる。短期間、ウクライナのもうひとつの情報機関である「対外情報局」（SZR）の副局長を務めた後、2020年8月にGUR局長に就任した。

ロシア側もこのブダノフは警戒しているようで、2023年5月29日にはGURの建物をミサイル攻撃した。ロシアの国営「RIAノーボスチ通信」は、この攻撃でブダノフは重傷を負い、ポーランド経由でドイツの病院に収容されたと報じたが、ブダノフはその後、日本大使と面会するなど公式の場に姿を現し、ロシア側報道は否定されている。

ところで、自由ロシア軍団やロシア義勇軍団の越境攻撃は、彼らが勝手にできることではなく、おそらくGURの指揮で行われている。ネオナチ含む部隊がロシアに越境し、民間人居住アパートを砲撃するなどしたことに対し、西側では「ロシア軍と同じだ」と非難する声も上がっている。これに対し、ウクライナ政府は関与を否定している。

他方、ロシア自由軍団の事実上の対外スポークスマンである前出のイリヤ・ポノマリョフは、自分たちの攻撃によってロシア側がそのエリアの防衛にも戦力が必要となり、ひいてはウクライナ軍の反転攻勢に寄与することや、最終的にはロシア人がプーチン政権を倒すことが必要で、そのためにロシア人の反乱軍の活動が重要で、それが続けば参加者も増えるという効果を語っている。

いずれにせよ、彼らは勝手には行動できない。GURが許可し、支援していたことはほぼ間違いなく、ブダノフ局長がゴーサインを出した破壊工作ということになるだろう。

これに対し、ゼレンスキー政権が関与を否定しているから、GURが勝手にやった可能性があるのかといえば、その可能性はほとんどないのでないかと筆者は考える。きわめて高度に政治的な工作だからだ。

しかも、ブダノフ局長自身がゼレンスキー大統領ときわめて近い関係にある。GURは対外情報戦も任務ということで、ブダノフ局長は秘密工作機関の指揮官でありながら自ら顔を出して日常的にメディア対応を行っており、戦局やロシア側内部事情などの情報発信をしている。

このブダノフ発言はその都度、国際メディアにも大きく取りあげられるほど機微な内容が多い。ウクライナ側ではゼレンスキー大統領自身をはじめ、ドミトロ・クレーバ外相、オレクシー・レズニコウ国防相（2023年9月まで）、ミハイロ・ポドリャク大統領府長官顧問など要人が頻繁に声明を発表しているが、それぞれの情報発信は綿密な打ち合わせの下で行われている。ブダノフGUR局長の発信情報は「プーチンは重病」だの、「ロシア軍が原発攻撃準備」だの、対ロシア情報戦に含まれる内容が多いが、間違いなくゼレンスキー大統領と日常的に綿密なすり合わせが行われているはずだ。

そのような状況で、越境攻撃という政治的に大きな工作を、ゼレンスキー大統領が知らされなかったとは考えにくい。ゼレンスキー大統領は、米国空軍州兵が漏洩させた機密文書で過去にロシア国内攻撃を主張していたことが判明している人物でもある。「ウクライナ機関がやったとは認めないことにして実行する」ということで、同意した可能性が高い。

ウクライナ情報機関と特殊部隊の全貌

ここで、ウクライナの情報機関と特殊部隊について説明しておこう。

ウクライナの主な情報機関は3つある。

1つ目。ブダノフ率いる「GUR」(国防省情報総局)は事実上、軍の情報機関で、情報収集の諜報活動の他、フェイク情報を含んだ対ロシア情報戦、それに軍事的な秘密工作を行う。とくに秘密工作はかなり荒っぽい破壊工作を行う。ブダノフ局長はその分野を一貫して歩んできた人物で、まだ若いがキーマンの一人である。

2つ目は、防諜機関の「SBU」(保安庁)だ。こちらは旧ソ連のKGBの流れを汲む組織で、ロシアのFSB(連邦保安庁)に相当する。今回の戦争では、ロシア側スパイ網や、占領ロシア軍の協力者の摘発を主に行っているが、特殊部隊も持っており、対ロシア破壊工作も行っている。

3つ目は、対外情報機関「SZR」(対外情報局)で、ロシアのSVR(対外情報庁)に相当する。こちらの活動圏は基本的に海外で、諜報活動や情報工作を行うが、軍事作戦には直接は関与しない。

次は特殊部隊だが、最も重要なのは前出の軍の「特殊作戦部隊」である。要員は数千人とみられ、司令部の下に各ユニットがある。最精鋭はNATO諸国の各国特殊部隊のカウンターパートとされる「第140特殊作戦センター」だ。こちらはもともとGURの特殊部隊だったが、現在は軍の特殊作戦部隊に移管されている。

それ以外にも、「第3特殊任務連隊」「第8特殊任務連隊」があり、それに加えて海域の特殊作戦部隊である「第73海兵特殊作戦センター」、特殊作戦用航空部隊である「第35混成航空隊」、さらに情報部隊である「第16情報心理作戦センター」「第72情報心理作戦センター」「第74情報心理作戦センター」「第83情報心理作戦センター」がある。また、支援セクションとして「第99参謀支援大隊」「第142訓練センター」もある。

特殊部隊は国軍以外にもある。

たとえば内務省隷下の国家警備隊の特殊部隊で、「第18作戦連隊」（アゾフ連隊はもともとその隷下部隊だった）、「特殊部隊分遣隊スコーピオン」（キーウ防衛）、「対テロ特殊部隊分遣隊オメガ」（テロ対策部隊）、「特殊部隊情報分遣隊アレス」（インテリジェンス部隊）、さらに「特殊部隊分遣隊オデーサ」（オデッサ防衛）、「特殊部隊分遣隊ベガ」（リビウ防衛）などがある。

さらに、前出の防諜機関・SBUにも旧KGB時代からの流れの特殊部隊「特殊部隊アルファ」が、国境警備隊にも特殊部隊「第10機動国境部隊ドゾール」がある。内務省国家警察にも特殊部隊「緊急作戦即応隊」がある。

GUR以外の破壊工作で、筆者も驚いたのが、本来は防諜機関であるSBUが、対ロシア軍の破壊工作を実行していたということだ。

これは2022年10月に起きたクリミア橋の爆弾攻撃と、同じく2022年10月のロシア黒海艦隊へのドローン攻撃のことで、2023年5月27日、SBUのヴァシリー・マリューク長官が、SBUの破壊工作だったと認めたのだ。

クリミア橋爆弾攻撃については、実は事件当初からSBUによる犯行の噂はあった。現地メディアがそうした説を報じたことがあったからだ。しかし、こうした大掛かりな対ロシア破壊工作は、基本的にはウクライナ側ではGURが実行することが多く、筆者はウクライナ側の作戦だろうとは思っていたものの、SBU犯行説には懐疑的だった。当時はロシア側もGURの犯行との見方をしていた。

しかし、指揮官であるマリューク長官自身の話なら間違いない。前述したように、旧KGBの流れを汲むSBUには、特殊部隊「アルファ」が残されている。おそらくその武闘派部門の要員を中心に、そうした荒っぽい破壊工作も計画・実行されたのだろう。

なお、SBUは2022年6月、グレネードを仕込んだマルチコプター型ドローンによって、遠隔操作で上空からロシア軍を攻撃する映像を公開した。SBUはこの作戦を「白い狼」部隊が行ったと喧伝しているが、SBUの一部隊ということだろう。

なお、SBUに限らず、国軍や国家警備隊も含め、ウクライナの戦闘部隊はどこもこのドローンの運用を進めており、偵察だけでなく、攻撃にも使用している。SBUの「白い狼」部隊も、偵察兼攻撃でドローンを活用しているものと思われる。

その他、ウクライナ側の秘密工作として注目されたのは、プーチンのディープフェイクが放送された件だろう。これは2023年6月5日に何者かが作成したプーチン大統領の偽の演説映像と音声が、ウクライナ国境に近いベルゴロド州、ボロネジ州、ロストフ州などで現地のテレビとラジオで流されたという事件で、演説内容は「ウクライナ軍がロシアに侵攻」したため、「国境地域に戒厳令」を敷き、「総動員を命じる」というものだった。明らかにロシア国民の動揺を誘う内容であり、ウクライナ機関による工作とみていいだろう。

こうしたディープフェイク映像自体は、そう珍しいものではない。ロシア側もこれまで同じようにゼレンスキー大統領の偽映像などを作って拡散してきた経緯がある。

ただここで注目すべきは、単にネットに流すだけでなく、放送をハッキングしたということだ。放送電波を乗っ取るハッキングは、仮にその準備ができていたとしても、本来は本番用に取っておくものだ。一度発動すると対抗策をとられるからである。

したがって、この6月5日に攪乱(かくらん)工作を実行したということは、このタイミングこそ本番、つまりウクライナ軍の反転攻勢に合わせた可能性がある。そこでウクライナ軍の動きを追ってみると、実際に反転攻勢が始まっていた。このように工作の動向を追うと、全体の流れに連動していることが多いことに気づく。

情報戦とは何か

ウクライナ侵攻ではロシア側もさまざまな情報戦を行っている。では、どういった情報戦が行われたのかをみていきたい。

まず、「情報戦」といっても、さまざまなものを含んでいる。もっとも、それに関しては、専門的に確立された分類はまだなく、さまざまな分野ごとに議論されている。ここでは、筆者なりの分類を試みておこう。

情報戦とは、基本的には、戦いにおいて、①情報をとったりとられたり、あるいは、②情報を自分たちに有利なように恣意的に使ったり、逆にそれを防いだり、といった攻防を指す。今回の戦争なら、①はたとえば、両軍ともに相手の内部情報を探って相手の作戦内容を突き止めたり、逆に相手から自分たちの内部情報を守ったりすることなどで、②はたとえば、ネット上に自分たちに有利な作用をもたらす情報を拡散したり、逆に相手のそうした工作を防いだりということなどになる。

①は「インテリジェンス」分野における戦いであり、②は「心理戦」分野における戦いでもある。最近の報道では、一般に「情報戦」というと②「心理戦」のイメージが強い。国家のインテリジェンス機関、あるいは軍のインテリジェンス部門は通常、この①と②の両方を担当する。

さらに細かく見ると、情報戦の中のインテリジェンスでは、敵の情報を入手・分析・評価する「諜報活動」と、敵の諜報活動から情報を守る「防諜」がある。諜報活動の手法としては、ヒューミント（スパイ活動など人的工作による諜報）、シギント（信号・通信電波の傍受と分析）、サイバースパイ（ハッキングによる諜報）、イミント（偵察衛星や偵察機などによる画像収集・分析）その他がある。今回の戦争もそうだが、筆者は現在ではサイバースパイの潜在的破壊力がきわめて大きいのではないかと考えている。

他方、情報戦の中の心理戦では、「誘導工作」あるいは「影響力工作」といったものがある。これらはどちらも同じように「相手国の世論・政策を自分たちに有利な方向に誘導する」工作で、厳密に線引きは困難であり、論者・関係機関によって定義はまちまちだ。人々の認知を争奪する闘いということで「認知戦」という新しい用語も生まれている。

筆者は情報工作機関の活動の分析を優先しているため、便宜上、工作手法ごとに分けて考えたいので、語感的に、誘導工作を〝さまざまな手法によって相手国の世論を誘導する工作〟全般のこと、影響力工作をより狭義の〝相手国の世論を誘導する目的で発言力の強いアセット（人や組織）を相手国内に浸透させる工作〟と原則的には記事執筆時に書き分けることが多い。

この場合、工作機関が影響力工作の対象組織内部からアセットを徴募する工作をインテリジェンス世界ではしばしば「獲得工作」と呼び、そのアセットを使って影響力行使する工作を「積極工作」（アクティブ・メジャーズ）と呼ぶ。ただし、情報戦に関するこうした分類は前述したように、論者・機関によって異なる。

なお、参考までに記すと、古くからの軍事インテリジェンス用語には、占領地域でその住民を味方につけるべく誘導する工作を「宣撫（せんぶ）工作」という。また、旧日本軍では相手国の世論誘導のために情報を恣意的に拡散する工作を「宣伝」と呼び、敵の内部情報をスパイしたり、敵を欺くために破壊工作をしたりする活動の全体を「謀略」と呼び、それらを合わせた特務機関の活動全般を「宣伝謀略」と呼んだ（さらに特務機関の秘密活動全体を「秘密戦」とも称した）。

旧陸軍参謀本部では、それら特務工作を担当する第8課を別名「宣伝謀略課」と呼んでいた。

蛇足だが、現在、北朝鮮の朝鮮労働党で対外プロパガンダを担当する部門は「宣伝扇動部」と名付けられており、副部長を金与正（キムヨジョン）が務めている（2021年3月時点の公式発表）。いずれも現代の日本語の語感では、かなりダーティな印象の用語だろう。

ウクライナ侵攻を含め、現代の戦争できわめて重要なのが、情報戦の中でも、心理戦分野のひとつである誘導工作で、その中でもこの「宣伝工作」になる。宣伝工作は能動的に情報を恣意的に拡散する工作のことで、広義の情報操作ともいえる。

このうち、政治的に自分たちの主張を広めるための政治宣伝工作を、よく耳にする「プロパガンダ」という。プロパガンダは用語的には詭弁（きべん）・欺瞞・偽情報という意味ではないのだが、現代の報道では明らかに「プロパガンダ」は意図的に歪められた不正確な情報を指し、不正な情報操作の意味で使われる。

なお、それより情報戦での用語的には、プロパガンダは基本的には表で堂々と拡散される情報を指す。しかし、現代の情報戦・心理戦でより重要なのは、情報操作であることを隠してこっそりと拡散される恣意的に歪められた情報だ。これこそ狭義の不正な情報操作であり、その主力が偽情報工作（ディスインフォメーション）だ。

故意にフェイク情報を拡散する。この心理戦における誘導工作の中のディスインフォメーションこそが、現在、メディア報道でも大きく注目されている情報戦といえる。これはたいていの国が行っているが、とくにロシア工作機関が多用するものである。プロパガンダと並行して偽情報を故意に拡散し、世論誘導を図る。ウクライナ侵攻に際しても、いかにも〝ロシアの侵略行為が正当なもので、ウクライナに非がある〟かのように誘導する内容のものが多い。実際の情報戦では、情報操作にはプロパガンダとディスインフォメーションを混在させ、サイバー戦や他の心理戦およびインテリジェンス分野も組み合わせて、かなり手の込んだ誘導を行う。ロシア工作機関は冷戦時代からその手法を常用しており、近年では2016年の米大統領選でのネット誘導工作などがよく知られている。

失敗だったロシア軍のハイブリッド戦

今回のウクライナ侵攻では、ロシア軍の「ハイブリッド戦」も注目された。ハイブリッド戦とはもともと、軍事と軍事以外の分野を組み合わせて軍事的成果を得ようという戦略のことで、その中で軍事と情報戦を両輪として効果的に組み合わせるロシア軍の手法が今回とくにクローズアップされた。

このロシア軍のハイブリッド戦は、もともとは2014年のクリミア侵攻の際にかなりの成功を収めた手法だった。当時、ロシアはクリミア半島全域の通信網を遮断し、クリミア地域に外部から情報が入ってこない状況を一時的に作り出し、そのうえで〝ウクライナの新政権はネオナチで、ロシア語話者を弾圧する極悪勢力だ〟とのディスインフォメーションを拡散した。

そのうえでロシア軍部隊を〝徽章を外して身元偽装〟させて投入し、ウクライナ軍守備部隊を圧倒。さらにもともとロシア側の影響力工作を浸透させていた内務省や情報機関を使って住民を押さえた。そして、住民たちには何が起きているのかわからない状況にしておいて、その間にすばやく無血占領し、すばやく政治工作を進めて、あっという間に勝手に併合を宣言した。

その時に比べると、今回は実際には対ウクライナのハイブリッド戦はほとんど成果を上げていない。開戦前からロシア情報機関「連邦保安局」（FSB）で旧ソ連圏工作を担当する「第5局」が、ウクライナ国内で影響力工作を進めていたが、親ロシア世論誘導はほとんどできていない。また、メディアやSNSを使った誘導工作もできておらず、開戦にあたってもまったく不発だった。

前述の2014年のクリミアでのハイブリッド戦のように、情報戦を効果的に行うには、ただ宣伝工作や心理戦を仕掛けるだけではなく、物理的な情報インフラ攻撃も不可欠だ。「サイバー攻撃」「電子戦」「物理的攻撃」などで相手の情報インフラを機能不全にする。できれば住民たちがそれと気づかないうちに現地の情報インフラを乗っ取り、プロパガンダやディスインフォメーションの拡散ツールにできればベターだが、少なくとも機能不全にして自分たちに不都合な情報は流通しないようにする。

こうした攪乱工作においても、ロシア軍は今回、ウクライナでほとんど成果を上げられなかった。侵攻初期に報道ではしばしば〝ロシア軍のハイブリッド戦〟という言葉が飛び交ったが、実際には情報と軍事を両輪とするという意味でのハイブリッド戦の場面は、今回はほとんど見られなかった。

これは、やはり前述したように「サイバー戦」「電子戦」でロシア軍が後れをとった影響がかなり大きいと筆者は考えている。これらは情報戦ツールというより、よりテクニカルな軍事の領域のものだが、ロシア軍はそこを今回は大きく封じられた。軍事を下支えする前述のインテリジェンスでも、物理的なサイバー戦や電子戦でロシア軍は大幅に劣勢に立った。

実際のところ、ハイブリッド戦ができなかったこと以上に、軍事面でのロシア軍の苦戦そのものに、サイバー戦と電子戦の戦力差が大きく作用した形跡がある。たとえばロシア軍の前線で通信が妨害されて作戦に支障をきたした例が多い。また、通信傍受によってロシア軍の作戦がウクライナ軍に漏れた事例もいくつもあるようだ。相手の通信を傍受したり、自分たちの通信を守ったりすることは、電子戦やサイバー戦の主戦場のひとつだ。

逆にロシア軍は、ウクライナ軍の通信ネットワークを無力化できていない。通信インフラへの直接的な軍事的攻撃に加え、電子戦やサイバー戦も封じられたからだ。

ウクライナ軍の善戦の要因のひとつとして、ウクライナ側が民生品含む偵察用ドローンを多用してロシア軍の正確な位置を把握できたことがあげられるが、ロシア軍はサイバー戦や電子戦でそれらの活動を効果的に妨害できなかった。おそらく技術面に加えて、数の面でも対応ができなかったのだと思われる（ただし、2022年4月にロシア軍が戦線を縮小して以降、ロシア軍の対ドローン電子戦が機能し始め、ウクライナ側のドローンが損耗するケースが激増した。ロシア軍が対ドローン機材の投入を増やしたこともあるが、ウクライナ側の主な戦闘がそれまでの待ち伏せ方式から野戦に転じたことで、敵陣近くに潜入して行う偵察用ドローンの使用環境が厳しくなったことも大きく影響しているようだ。なお、ウクライナ側はそれには多数のドローンを運用することで対抗している）。

ロシアの世論誘導工作

以上のように、ロシアの対ウクライナの情報戦はうまくいかなかった。しかし、情報戦は対ウクライナだけが重要だというわけではない。たとえば国際世論への誘導工作も重要だ。

今回の戦争は、まったく自衛と関係ない状況で、ロシアがウクライナに侵攻した明白な侵略行為である。したがって、「ロシアに正当性がある」という言説を国際社会で優勢にする工作は、最初からきわめて困難だ。実際、開戦当初から国際社会の主要なメディアもSNSでも、ロシア支持の論調は圧倒的に少数派だったと言っていいだろう。

しかし、まったくなかったわけではない。

「どんどん東方に拡大してロシアを追い詰めたNATO・米国にこそ原因がある」

「東部のロシア語話者系住民を弾圧したウクライナ側こそ悪い」

これらはプーチン政権側の典型的なプロパガンダで、ロシア側の宣伝工作はこれの拡散をもちろん試みている。プーチン政権側のメディア、各国駐在ロシア大使館のSNS、プーチン政権側のインフルエンサー、宣伝用SNSアカウントなどを使ってこれらの言説は拡散されたが、限界はあった。とくに取材力のある欧米系の主要国際メディアにおいて、これらのプロパガンダはほとんど支持されなかった。

親ロシア系のアカウントだけでなく、中国政府系のSNSアカウントもそれらの拡散に参加しているが、やはり国際世論上はさほど影響はなかった。

とはいうものの、ＳＮＳを俯瞰（ふかん）してみると右記の変形バージョンのような言説をめぐる論争が以下のように散見される。

「どんどん東方に拡大してロシアを追い詰めたＮＡＴＯ・米国に〝も〟原因がある」

「ロシア〝も〟悪いが、東部のロシア語話者系住民を弾圧したウクライナ〝も〟悪い」

ここでは〝も〟を強調して表記してみたが、これはつまり、プーチン政権の主張をそのまま拡散するのではなく、議論における論点ずらし手法であるWhataboutism（ホワットアバウティズム＝言説に応えるのではなく、「でも、そっちだって〜」と別の注目点を誇張する論点ずらし技法）を使って、いわゆる「どっちもどっち論」に落とし込むやり方だ。

これは英語圏も含めてしばしば見られるが、もちろんロシアの公式のプロパガンダではなく、裏の誘導工作として行われる。傾向としては、反米陰謀論系ないしＱアノン的陰謀論系にそれなりに浸透している。

実はリアルな誘導工作では、こうしたひとひねり加えた「どっちもどっち論」を利用することがしばしばある。たとえば２０１６年の米大統領選でトランプ勝利を狙ってネット誘導工作を行ったロシア組織「インターネット・リサーチ・エージェンシー」（ＩＲＡ）は、米国の有権者に対して、あからさまな〝トランプ擁護〟よりも、フェイク情報をふんだんに忍ばせた〝ヒラリー排撃〟言説をメインに拡散したことがわかっている。

なお、こうした国際世論を意識した宣伝工作は、もちろんウクライナ側も行っている。たとえば、ウクライナ当局は当初、外国報道陣の従軍取材にオープンではなかった。報道を通じて情報が出ることで、作戦上の不利になるからだが、それも含めて、発信する情報をかなり効果的に選別していた。ただ、今回のケースは明確にロシア側の侵略行為であるから、ウクライナ側にはプロパガンダやディスインフォメーションの必要性がさほどない。ブチャでのロシア軍による非道な虐殺もそうだが、現場で発生している現実を発信すれば、自分たちに有利な情報拡散になるのだ。

そのため、意図的な誘導工作はもっぱらロシア側によるものが多くなる。ただし、「どっちもどっち論」を含めて、全体としてみればロシアの誘導工作は決定的な成果を上げていない。国際メディアでも日本のメディアでも、あるいはSNSでもロシアを擁護する言説は現在に至るもごく一部に留まっている。

実際、それはロシア工作機関もわかっているようで、実はロシア工作機関自身は、それほど国際メディアや西側SNS世論を意識した誘導工作を行っていない形跡がある。前述した米大統領選だけでなく、フランス大統領選、イギリスのEU離脱国民投票、スペインのカタルーニャ地方独立運動、米国人種問題デモ騒擾、コロナ関連などを含め、ロシア工作機関系のアカウントが英語や独仏伊西の西側欧米諸国の言語を駆使して明確に対西側ネット世論への情報操作工作に邁進していたのに対し、今回はそれとは違う動きを見せている。いくつかのネット調査機関の調査によると、ロシア機関はインドや中東、アフリカ諸国などのネット世論に向けた誘導工作に主眼を置いて活動を進めているというのだ。

これは、ロシア工作機関が、どう工作しても西側世界の世論が親ロに傾くことは難しいと判断し、中東やアフリカの諸国の世論を親ロに誘導することに自らのリソースを優先させたことを意味する。そうした地域の政府は基本的に権威主義的傾向が強く、民意が外交にダイレクトに作用するわけではないが、たしかに欧米以外の世界では、プーチン政権を支持しないまでも、欧米諸国が主導する厳しい経済制裁などの反ロシア包囲網に積極的に加わらない国も少なくない。そういう意味では、ロシア工作機関の狙いは悪い意味で合理的判断ということになる。

実はそれよりもロシアが力を入れている誘導工作がある。もちろんロシア国内でメディアやSNSを駆使した〝特別軍事作戦支持〟世論の誘導工作だ。もっとも、それも効果を考えて、直接的なプーチン支持というよりも、具体的には「ウクライナ政権はどれだけひどい政権か」「欧米など西側諸国はどれほど理不尽にロシアをいじめているのか」といった点を強調した情報発信が行われている。

また同時に、ロシア当局のこうした洗脳情報以外の情報が国外から入ってこないよう、ロシア国内から欧米系メディアや欧米系SNSなどにアクセスできないようにしている。

ロシア国内をいわば2014年のクリミア半島のような情報環境にしているのだが、それに加えて国内でフェイクニュース法（ロシア軍に不利な情報を発信すると最高刑は禁固15年）を制定し、正式に情報統制も強化している。

ロシア国民はVPN（仮想専用回線）を利用するなどしないと外国のサイトに自由にアクセスできないが（徐々にそこも遮断されつつある）、そうした国民は少数派で、大多数のロシア国民、とくに地方在住の中高年層などはほとんどが国営テレビや大手ニュースサイトが情報源であり、そういう意味では誘導工作にかなり成功している。

もっとも、こうしたロシア国内の誘導工作は、なにもウクライナ侵攻で急に始めたわけではなく、プーチン政権下で20年以上もかけて続けられてきたものである。そのプーチン政権のロシア国民洗脳システムは、残念ながらまだまだ盤石といえる。

悪意の宣伝工作の中での情報の読み方

以上が、ロシアのウクライナ侵攻におけるロシア側の「情報戦」「ハイブリッド戦」の実態である。今回の戦争には、日々報道される戦局や外交交渉のニュースの裏で、こうした〝戦い〟が行われていることにも留意したい。

またこうしたディスインフォメーションを含む情報戦が日常的に行われている現代において、〝私たちが今回の戦争に関する情報をどう受け止めるか〟の部分において、気になる点をひとつ指摘しておきたい。それは、SNSもそうだが、大手の報道機関も含めて〝不確かな情報が時に大手を振って報道されている〟ということだ。

たとえば2022年6月半ば頃、筆者は複数のメディア各社からこんな質問を寄せられた。

「イギリス情報機関『MI6』が、プーチン大統領は〝影武者〟を使っており、すでに死亡している可能性も否定できないといった分析をしたと、英メディアが報じました。これについて、どう考えますか?」

それに対する筆者の答えはこうだ。

「情報としての価値は現時点ではありません」

この情報はもともと英タブロイド紙『デイリー・スター』が2022年5月28日に報じた。翌日、同紙の報道からの引用というかたちで英タブロイド各紙が続き、日本のいくつかのメディアも報じたが、これらのメディアは裏をとってはいない。読者である私たちも、1紙だけの情報では裏のとりようがない。となると、少なくともその情報の根拠は「ない」と評価するしかないのだ。

このように根拠情報がなく、複数の情報源でチェックしていない情報が、ロシア政府の内部事情としてしばしば報じられているが、これには注意する必要がある。

たとえば「プーチン大統領の重病説」である。パーキンソン病説、進行癌説などが飛び交っているが、いずれも明確な証拠は「ない」。プーチン大統領の健康状態はロシア政府でも最高機密であり、もちろん外部の人間は知ることはできない。まったく病気の可能性がないわけではない。公開されたプーチン本人の映像でも、健康不安を連想させるシーンがないこともない。しかし、これまでメディアで出てきた重病説は、その根拠を辿ると、いずれも未確認情報にすぎない。したがって、病気の可能性はあるが、「不明である」が正しい認識になる。

仮に前述したような重病だったとしよう。その秘密情報を一民間メディアが独自取材で独占的にキャッチするということは、可能性としては否定できないが、実際にはまず「ない」。キャッチすることができるとすれば、米英その他の国の情報機関で、それが確たる情報であればまず秘匿する理由がない。確実ではないが可能性が高い話であったなら、メディアにリークされるケースだろう。

しかし、政府・情報機関からのリークであれば、複数のメディアが裏どりに動く。仮に1メディアだけの報道で終わったのであれば確度の低い情報ということになるし、それよりも報じたメディアの勇み足の可能性のほうが高いとみるべきだ。その報道が誤報だと決めつけることはできないが、その時点では要するに〝信憑性は担保されていない〟ということになる。

今回の戦争に関しての国外の情報ソースとして、筆者がまず信憑性の低い〝あくまで参考情報のひとつ〟に留めているのは、イギリスのタブロイド各紙だ。イギリスのタブロイド各紙は今回に限らず、概して〝飛ばし記事〟が多い。タブロイドということでは、他にも米国のものなども同様だ。

ところが、実際には日本の大手メディアでもイギリスのタブロイド紙を引用する報道をしばしば見かける。たしかに〝面白い〟ので、それをまたTVが引用したりする。参考情報として紹介することに依存はないが、注釈付きの引用でないことが多いので注意が必要だ。

たしかに見出しとして目を惹く英タブロイド紙の記事をいくつか紹介する。

「ロシアのオリガルヒによると、プーチンは血液癌」（『デイリー・スター』）
「プーチンは進行癌で余命3年の宣告とFSB局員」（『デイリー・メール』）
「プーチンは視力を失いつつある」（『デイリー・ミラー』）

それと、これは考えてみれば当然だが、ウクライナのGUR局長が対外的に発する情報をそのまま引用する報道も注意する必要がある。「プーチンは癌を含む複数の病魔に侵されている」と発言するなど、プーチン重病説にもそういったものがいくつもあった。当然ながらウクライナ情報機関はロシアへダメージを与えるような情報発信をする。したがって、こうした情報はあくまでウクライナ側からの未確認情報という受け止め方が必要だが、そこを飛ばしてしまっている報道が散見される。

それと、怪しい情報源をそのまま引用する報道も多い。海外の大手メディアにさえよく引用されるものに、「SVR将軍」というSNS「テレグラム」上のアカウントがある。これはSVR（ロシア対外情報局）の退役将軍という触れ込みのアカウントで、クレムリンの内部情報などを発信しているアカウントだが、その内容が実に怪しい。まるで見てきたようにロシア中枢の会議内容などの情報を発信しているが、どれも裏のとりようがない話ばかりだ。筆者もテレグラム上でフォローしてみたが、外見上は単なる怪しい陰謀論系ユーチューブ的チャンネルにしか見えない。正直、かなりQアノン的印象である。

ＳＶＲ将軍はプーチン重病説に関してもたとえば「２０２２年5月16日から17日にかけて癌の手術を行った」と発信しているが、根拠は示されておらず、他の大手メディアによる裏付け報道もなかった。米タブロイド紙『ニューヨーク・ポスト』などはこのＳＶＲ将軍の情報をそのまま引用しているが、もちろん裏付けを独自にとっているわけではない。

もっとも、ＳＶＲ将軍は『ニューズウイーク』誌の記事の中にも「クレムリンの内部情報を発信しているといわれるＳＶＲ将軍というアカウントによると～」といった記述が何本もあり、「『ニューズウイーク』は大丈夫かな」と心配になる。

少々ややこしいのは、英タブロイド各紙などに、実名でリチャード・ディアラブ元ＭＩ６長官やクリストファー・スティール元ＭＩ６ロシア担当などがプーチン重病説を流していることだ。彼らのポジションのバリューから信憑性がある情報に思えなくもないが、それらの情報の根拠が一切示されておらず、しかもイギリス当局や他の一般メディアの裏付け取材フォローもない。これも情報の価値としては高くないとなる。

プーチン重病説でもっとも具体的に書いたのは『ニューズウイーク』２０２２年6月2日付の記事だ。同誌によれば、米情報機関が5月末、「プーチンは既に進行癌で、4月に治療を受け、どうにか持ち直したようだ」との報告書を提出したという。

同記事では、米政府の各情報機関の情報を集約する「国家情報長官室」（ＯＤＮＩ）および国防総省の情報機関「国防情報局」（ＤＩＡ）の幹部、さらに米空軍の元幹部の3人による証言で、上記の情報があったという。事実なら初の根拠となる情報だが、同誌の記述では情報の内容についての根拠がやはり曖昧になっており、情報源の一人も「まだ確証はない」と語っている。結局、プーチン重病説は証明されていないわけだ。

いずれにせよ、ロシアの政権中枢に関する根拠の乏しい情報の多くは、①ロシアの怪しいテレグラムのアカウント、と②ロンドン発タブロイド各紙、が非常に多い。前述したようにＭＩ６の大物ＯＢがときおり登場するように、もしかしたらロンドンで非公式に怪しい情報を発信している英政府系発信源があるのかもしれないが、そこは外部からは確認できない。

ただ、根拠の乏しいロンドン発情報源ということでは、世界最古（18世紀創刊）の伝統ある日刊紙『ザ・タイムズ』もある。今回の件に関し、ウクライナ当局筋らしい情報源からと思しき根拠の乏しい未確認情報を、『ザ・タイムズ』が報じるケースがいくつもあったのだ。

由緒ある日刊紙の報道なので、タブロイド各紙などに引用されることも多いが、裏どり取材をしたうえで報じた他の大手メディアはほとんどない。筆者にも真贋（しんがん）を判断する材料はないが、情報としてはあくまで〝未確認の参考情報のひとつ〟に留める必要がある。

こうした海外情報の報道の信憑性を判断するのは、個人には難しいことだが、ひとつ簡単にできる方法があるので紹介する。「これが本当ならきわめて興味深い」という報道で、その報道内で充分な根拠が示されていない情報は、事実であればもちろん他のメディア各社が後追い取材して報道する。したがって、1メディアだけのスクープはいったん保留し、続報を待つ。

それでも他のメディアが無視するようなら、〝あくまで参考情報のひとつ〟になる。そうした曖昧な情報は、たとえばその情報のポイントとなるキーワードをニュース検索サイトにかけると、欧米のタブロイド各紙に加え、怪しいインドや東欧のサイトしか引用していないことが実に多い。一見して「これは面白い」というネタに即座に反応しないことをお薦めする。

ロシア軍参謀本部情報総局と傭兵部隊「ワグネル」

2023年6月24日、驚くべき事件がロシアで発生した。ロシア軍の事実上の下請け組織としてウクライナ戦線に投入されていた民間軍事会社「ワグネル」のトップである政商のエフゲニー・プリゴジンが約8000人の部下を引き連れて武装蜂起し、ロシア軍の最高責任者であるショイグ国防相やゲラシモフ参謀総長の更迭をプーチンに直訴するため、ロシア国内に侵入。そのままモスクワを目指して北上し、当日中にモスクワ南郊まで迫ったのだ。

結局、プーチンがその蜂起を認めず、ワグネルはモスクワ進軍を諦めて事態は収拾した。その後、ワグネルの残党はベラルーシで隔離された。プリゴジンはその後も限定的だが活動は黙認された。ベラルーシやアフリカなどでの行動まで許されたが、蜂起から2カ月後の同年8月23日、プリゴジンの乗った自家用ジェット機が空中で爆発し、墜落して死亡した。プーチン政権による処刑とみていいだろう。

2カ月後の「墜落死」はプーチン政権による密殺ということでは不思議ではないが、その2カ月間にプリゴジンが比較的広範囲に行動できていたことが注目された。彼自身、自分はプーチンに許されたと信じていたようだが、FSBがプリゴジンの人脈や金脈などを把握するために「泳がせ」て、捜査していた可能性が高い。

このワグネルをめぐっては、トップであるプリゴジンの個性がとにかく注目されたが、民間軍事会社といっても、もともとはロシア軍の情報機関「参謀本部情報総局」(GRU。正式には「参謀本部総局＝GU」)のダミー組織のような存在である。ワグネル問題は、GRUが裏工作の処理を誤ったということでもあった。

しかし、それにしても2023年6月から7月にかけての時期、日本だけでなく世界中のメディアがプリゴジンについて報道したが、筆者が違和感を強く感じたのは、プリゴジンをなにかプーチン政権を揺るがす潜在力を持つ〝大物〟のような報じ方を多く見かけたことだ。

筆者は2015年夏に『ニューヨーク・タイムズ・マガジン』、続いて英紙『ガーディアン』がサンクトペテルブルク市にある謎のインターネット世論工作企業「インターネット・リサーチ・エージェンシー」(IRA)についての調査記事を掲載した頃から、このダークな政商・プリゴジンの動向はウォッチしてきたが、プリゴジンは最初から最後まで基本的には〝チンピラ〟だ。囚人を動員するヤクザな傭兵部隊を切り盛りしたからといって、ロシア政界でそんな大物に化けるはずもない。

そんなプリゴジンの経歴を振り返ってみたい。

プリゴジンがプーチンの裏工作に加わった経緯

エフゲニー・プリゴジンは1961年、サンクトペテルブルク生まれ。武装蜂起事件当時、62歳だった。少年時代はクロスカントリー・スキーにのめり込んだが、やがて不良の世界に入り、詐欺や窃盗、強盗で検挙され、1980年代、つまり20代のほとんどを刑務所で過ごした。長期刑から出所したのは1990年。ちょうどソ連末期の無法時代で、プリゴジンはその後、親族とホットドッグの野外販売を始め、それがヒット。続いて仲間と食料品店チェーンを運営した。

その頃のロシア社会の常識として、きわめて手に入れにくい食材を入手するには、当然ながら裏社会の人脈が不可欠だ。野外販売を含めて何らかの商売をし、しかも稼ぐとなれば、腐敗した当局者およびマフィアにそれなりのカネを渡すことが前提になる。プリゴジンは当時から、そうした裏の世界でサバイバルしてきたといえる。

その後、プリゴジンは仲間とカジノを運営した。これが可能だったのは、もちろん裏の人脈と通じていたからということは言うまでもない。そして、1990年代半ばにこうしたサンクトペテルブルクのさまざまなビジネス界の許認可権を統括していたのが、同市の副市長だったプーチンである。

1990年代後半からプリゴジンはレストラン経営に乗り出す。その2店目がネヴァ川に浮かべた超豪華なニューアイランドという店で、そこがサンクトペテルブルク市の顔役が集まる場所になった。プリゴジンはそこで政官界の大物たちと急接近したものと思われる。その中にプーチンもいた。

ちょうどその1990年代後半は、プーチンがモスクワ政界に転じ、FSB長官、首相、大統領代行、大統領と駆け上がっていった時期だが、プーチンはサンクトペテルブルク訪問時にはしばしばニューアイランドを使った。大統領就任前後、海外からの賓客ともそこでしばしば夕食会を行っている。プーチンがニューアイランドに案内したVIPは、米国のブッシュ大統領、英国のブレア首相、フランスのシラク大統領らがいる。

こうしてプリゴジンはプーチンに食い込んだ。2人はプーチンがサンクトペテルブルク副市長の頃から面識があった可能性もあるが、実際にプーチンとプリゴジンの関係が深まるのは、プーチンがロシアの権力者となった頃の、このニューアイランドでの繋がりだった。

プリゴジン自身はシェフではないが、ニューアイランドにVIPが来た際にはよく自ら給仕していたようである。今回の「プリゴジンの乱」前に何度もメディア報道されたプリゴジン本人の映像をみても、彼がぐいぐいと前に出るタイプの性格であることがわかるが、こうした機会に彼はプーチンにぐいぐいと取り入ったことが想像できる。

そして、その後、プリゴジンは学校や公務員食堂での食料供給の契約をとり、さらに2012年には軍隊の食料品納入の契約を独占することで財を成した。プーチンの口利きであることは疑いない。彼の事業収益からプーチン周辺に多額のキックバックがあったとの疑惑もある。いずれにせよ、プリゴジンはこうしてプーチン側近の一人になったが、彼はおそらく「親分のためなら何でもやる」という忠誠心を前面にアピールして、プーチンの企業舎弟のような存在になったものと思われる。

プリゴジンがどういう経緯でプーチン政権の裏工作の代理人になったのかは不明だが、前述したように軍の食料供給でいっきに成金富豪化した直後の2013年春、プリゴジンは裏工作に参加する。対西側世論誘導のためにインターネット上でフェイク情報工作をする前述の「インターネット・リサーチ・エージェンシー」（IRA）という会社をサンクトペテルブルクに設立するのだ。

ロシアでこうした情報工作を主に行っているのはFSBとGRUだ。彼らはそれぞれ独自にこうした対西側情報工作は実施しているが、さらに民間企業に擬装した工作も有効だろうと判断されたのだろう。そこでプーチンの企業舎弟であるプリゴジンが、その工作のひとつのラインの責任者に抜擢されたということになる。

当然、プリゴジンが自ら発想するような話ではないから、ロシア情報機関が発案し、プーチンが承認する過程で、プーチンの企業舎弟であるプリゴジンが〝オーナー役〟として採用されたということだろう。IRAは民間企業で、プリゴジンの表向きの事業体であるコンコルド・

グループの傘下企業という形式がとられた。要するに、ロシア政府から軍への食料供給ビジネス利権をコンコルドに与え、その利益の一部をプーチン政権の裏工作に回すというスキームである。

ＩＲＡは西側欧米諸国でイスラム教徒へイトや黒人差別など社会分断を煽る情報工作を開始。翌２０１４年には業務を大幅に拡大し、ロシアのクリミア占領やドンバス介入などでロシア擁護のフェイク情報を大量に流した。

また、２０１６年の米国大統領選の際には、トランプ当選を目的にヒラリー・クリントン陣営への攻撃を大規模に行い、トランプ当選を後押しした。他にもイギリスのＥＵ離脱、スペインの一部地域の独立派蜂起、フランス大統領選など、西側社会の世論誘導工作を精力的に行っている。ただし、工作の実務自体はいずれもロシア情報機関が主導しており、その道の素人であるプリゴジンの影はほとんどない。

ＧＲＵのダミーとしてのワグネル

プリゴジンと民間軍事会社「ワグネル」との関係は、ＩＲＡの次になる。

まず、ことの発端はＧＲＵが中東シリアへの介入を画策したことだ。ロシアが後ろ盾となっているアサド独裁政権が支配するシリアでは、２０１１年春からいわゆる〝アラブの春〟の影響で民主化運動が始まった。アサド政権は民衆デモを武力で弾圧。国際社会がその暴力を止めようと動いたが、ロシアが国連常任理事国の権限ですべて妨害した。

その後、２０１２年頃より反体制派の一部が武装闘争を開始する。それに対し、ロシアはアサド政権軍側を支援したかったが、当時はまだロシアは軍事介入していなかった（ロシア軍がシリアに公式に軍事介入するのは２０１５年）。

そこでＧＲＵは２０１３年、シリアでの軍事工作に投入するダミーを設立する。香港に本社を登記した「スラブ軍団」という民間企業である。スラブ軍団はロシアの大手警備会社「モラン・セキュリティ・グループ」の傘下という形式がとられた。つまりスラブ軍団はロシアの正規の警備会社の海外での子会社である警備会社という建前である。

ちなみにロシアはエリツィン時代から、国内でカネ絡みの殺人が横行するハードボイルドな土地柄であり、オリガルヒ（新興財閥）を守る実質的な武装私兵としての警備会社が数多くある。その中にはＧＲＵ幹部が天下りしたりして癒着（ゆちゃく）している警備会社はいくつもある。スラブ軍団はＧＲＵ将校を中心とするわずか数百人の陣容だったが、シリアでは反体制派の勢いが増し、GRUとしては軍事介入のさらなる強化が必要になった。また、2013年末からウクライナで反ロシアのマイダン革命が進行し、GRUはそちらでも非公式の軍事活動を模索した。そこで2014年、スラブ軍団を強化改編するかたちでワグネルが創設された。

司令官はGRU特殊部隊元中佐のドミトリー・ウトキンという人物だ。中佐なのであくまで部隊の指揮官という立場であり、GRU本体が背後に控えている。ワグネルという社名は、もともと熱烈なネオナチであるウトキンのコードネームだったという噂があるが、未確認である。なお、ウトキンは2023年8月、プリゴジンと同じプライベート・ジェット機に搭乗していて死亡している。

こうしてGRUのダミーとして創設されたワグネルだったが、表向きはロシア軍との関係を秘匿するため、あくまで民間企業という体裁がとられた。そこでスカウトされたのが、プーチンの企業舎弟だったプリゴジンだ。ワグネルの活動資金も武器・弾薬もロシア当局が出所だが、プリゴジンをオーナーと偽装することで、迂回することを狙ったものだ。つまりプリゴジンは、たとえれば「ヤクザが裏稼業を擬装するため表向きの経営者にしておく企業舎弟」のような立場だった。

ちなみに、こうした経緯から「ワグネルは当初はGRU特殊部隊員たちの精鋭部隊だったが、後に素人兵も雇うようになった」との見方もあるが、シリア派遣部隊の内部情報などを追うと、比較的早い段階からロシア各地で兵役程度の経験しかない素人兵も雇っていた形跡がある。もちろんワグネル幹部は歴戦の軍人がメインだったろうが、現場では新規採用した一般兵を〝駒〟として使っていたものとみられる。

ワグネルはこうしてGRUのダミーとしてロシア国外で活動したが、やがてシリアやウクライナ以外にも、リビア、スーダン、中央アフリカ、モザンビーク、マリなどに派遣された。ロシアの影響力拡大を図るGRUの工作である。ワグネルはこうした国々の独裁政権あるいは軍閥に武器・軍事支援を与えるなどして活動したが、そのうち、その見返りに石油や金、ダイヤモンドなどの鉱物資源の利権を得るようになった。どうもその過程で、裏社会の闇ビジネス業界に詳しいプリゴジンの発言権が高まっていったようだ。

筆者は当初、こうしたプリゴジンの影響力拡大が不思議だった。プリゴジンはあくまで裏社会に顔が利くプーチンの企業舎弟のチンピラである。対外工作の専門家集団であるGRUからすれば、あくまでひとつの〝駒〟にすぎない。しかし、プリゴジンの存在感が徐々に高まっていったのはなぜか。

これはいま振り返ると納得できる。彼本人のキャラクターの押し出しの強さだ。プリゴジンは軍や情報機関の経験のない秘密工作の素人だが、プーチン個人と直接繋がっている。その点を前面に出して、ワグネルの内部でどんどん前に出ていったのだろう。GRUとしては、プーチン直結の政商を持て余したのかもしれないが、対アフリカの裏工作に支障が出ないのであれば良しとしたのではないか。いずれにせよこうしてワグネルの海外工作では、GRUのロシア影響力拡大工作と、プリゴジンの裏利権ビジネスが、奇妙な共存関係にあったと推測される。

プリゴジンを過大評価した「報道」

そんなワグネルが、ウクライナ侵攻でいっきに存在感を上げた。その経緯は以下だ。

まず、2022年2月の侵攻当初は、ワグネルは参加していない。プーチン政権がロシア軍だけで簡単にウクライナを制圧できると考えていたからで、それがうまくいかずにワグネルが合流したのは開戦1カ月後あたりになる（なのでブチャ虐殺にワグネルが加担という一部の情報は誤り）。その頃から、ロシアは首都キーウ制圧を断念して北部戦線から撤退し、兵力を東部戦線（ドンバス地方）に振り分けたが、そこにワグネル部隊も配属された。

ワグネルに声が掛ったのは、ひとえにロシア軍の兵力不足のせいだ。ロシア軍はウクライナ軍の激しい抵抗に合い、兵力不足が明らかになっていた。ロシア軍としては兵力の増強をすぐに行いたいが、定期的な徴兵や志願兵募集の制度しかないロシア国防省にはそのノウハウがない。その点、ワグネルには広告などを通じた人材募集のノウハウがあった。つまり、ある種の人材派遣業者としてウクライナ侵攻で仕事の発注を受けたのである。

そうして投入されたワグネル部隊は、質の低い志願兵を集めても当初はせいぜい数千人規模だった。本来は統括者であるGRU特殊部隊は、彼ら自身で独自に侵攻に参戦していたので、ワグネルは独自に運用された。現場部隊の司令官はアンドレイ・トロシェフ元内務省国内軍(現在の国家親衛隊)砲兵大佐である。

しかし、同年9月にウクライナ軍が奇襲作戦でハルキウ州を奪還したあたりから、ロシア軍の兵力不足がさらに深刻化したことを受けて、ロシアでは兵力補充が急がれた。プーチン政権は部分的な動員を開始したが、他方、ワグネルが各地の刑務所で受刑者から兵員を募集するということも開始された。ワグネルに参加してウクライナで一定期間戦えば、刑罰を免除するという取引である。

これに長期刑の凶悪犯、とくに殺人犯が多く合流した。ワグネルがこうして集めたのべ総数は4〜5万人とみられるが、その8割が囚人という囚人部隊になった。ワグネル部隊の主力はドネツク州のバフムート戦線に投入された。ほとんどまともな軍事訓練を受けていない素人兵が多数で、武装も正規軍から後回しにされた貧弱な部隊だったが、囚人兵たちはとにかく正面からの突撃を命令され、圧倒的に損耗率の高い塹壕戦に投入された。

ウクライナ軍の前線からの報告をみると、ワグネルの一部部隊ではまさに使い捨ての兵士が数人単位で突撃してウクライナ軍の応戦を引き出し、それで敵の位置を割り出して砲撃するという冷酷な囮作戦も日常的に行われていたようだ。ワグネルの前線部隊はまさに刑務所内のような雰囲気だったようで、捕虜交換で戻ってきた友軍兵士に対し、投降したことを咎めてハンマーで殴り殺す映像を発表したりもしていた。前線から退却する兵士を、後方から督戦隊が攻撃するなどということもあったようだ。

プリゴジンは当初はあまり表には出てこなかったが、刑務所で囚人を募集する頃から、自身がそうした場に現れて、その様子をSNS「テレグラム」で発信するようになった。軍人でもないのに戦闘服姿で戦場を訪れる様子も発表するようになった。とくに2023年に入ってからは、ドンバスの前線拠点にしばしば現れ、にわか戦闘指揮官のようなノリで戦況について発言するようになった。おそらくそうした過程で、ワグネルの現場指揮官たちとの関係を深めたのだろう。

ワグネルはロシア正規軍からみれば立場が低く、鉄砲玉部隊であり、捨て駒であり、消耗品である。実際、そのような使われ方をしていたのだが、2022年秋以降の全体的なロシア軍劣勢の状況下で、バフムート戦線のワグネルだけが、多大な損害を出しながらも少しずつだが前進に成功した。

このワグネルの戦果は、ロシア国内で注目された。ワグネルのSNSは広く読まれ、ウクライナ侵攻を扇動する好戦派の右翼ブロガーたちも、その役割を好意的に伝えた。プーチン政権も彼らを真の愛国者だとおだて上げ、本来は正規軍将兵に授与するはずの正規の勲章までワグネル兵に贈るようになった。

こうしてがぜん注目の人となったプリゴジンは、テレグラムでますます大言壮語な言動を繰り返すようになった。ワグネルはロシア正規軍よりずっと高い確率で死傷者を出しながらも、ロシア正規軍より戦果を上げた。それなのに弾薬を充分に補充されない。その時期、ロシア軍全体で弾薬が欠乏気味だったために後回しにされたのだが、プリゴジンは「ロシア軍上層部がワグネルを陥れるために、故意に弾薬を回さない」と激昂。とくにショイグ国防相とゲラシモフ参謀総長を名指しで非難した。

ロシア政界からも、そうしたプリゴジンに接触する動きがあった。とくにプーチン陣営の体制内野党である「公正ロシア」との協力関係があった。それでたとえばロシア独立系メディア「メドゥーザ」が「プリゴジンは公正ロシアを掌握したいと考えている」などと報じたが、その情報には根拠がない。そうした不確かな情報から「プリゴジンはプーチン体制崩壊後に政治的に自分の立場を守ることを画策している」などという憶測や、果ては「プリゴジンはプーチンに代わる大統領を目指している」などというトンデモ言説までメディアに流れたが、実際のところ、プリゴジンは政治的な動きはほとんど見せず、どんどん〝なんちゃって戦闘指揮官〟のような言動を繰り返した。

情報機関が主導したプリゴジンの乱の後処理

しかし、そうなるとさすがにプーチンと個人的に親しい関係にあるプリゴジンといえども、ロシア軍は放置できない。ロシア国防省は2023年6月10日、ワグネルを含めた民間軍事会社とその兵員に対し、「7月1日までに国防省と直接契約」することを求めると発表した。それまでワグネルは国防省と協力し、国防省から資金および武器・弾薬を受領してはいたが、指揮系統は国防省のラインから独立していた。つまりプリゴジンの私兵のようなものだったのが、今後は国防省に正式に組み込まれることになった。それはワグネルからプリゴジンを排除することを意味した。プリゴジンからすれば、自分が育ててきたワグネルを国防省に取りあげられることにほかならなかった。

プリゴジンは当然、その指令を拒否した。すると、国防省はウクライナでの「特別軍事作戦」からワグネルを排除すると通告した。資金や物資の支給を打ち切るとも明言した。プリゴジンはそれに激怒。同年6月23日に発表した動画で、プリゴジンはなんと「プーチン大統領は騙されている」とまで口走ってしまう。それはプーチン体制ではタブーである〃プーチンへの侮辱〃を意味した。

プリゴジンの発言は「もともとウクライナにネオナチはいないし、ウクライナもNATOもロシアを攻撃する動きなどなかった」「ロシア系住民への弾圧もなかった」「したがって、もともとウクライナを攻める必要などなかった」「これはすべてロシア軍上層部が間違った情報をプーチン大統領に吹き込んだからだ」といった内容だった。これらはまさに事実であるし、現場の兵士たちの間では当然、そうした話も出ていたのだろうが、それをネットで公開するのはタブーである。プーチンがウクライナ侵攻を正当化するために明言した話がデタラメだったということになるので、これはプーチンの判断の正当性を完全否定する失言といってよかった。

そうなると、プリゴジンにはもう後がない。プリゴジンはロシア軍から砲撃を受けたと主張し（これについては真偽含めて実情が不明）、同年6月24日未明、部隊を引き連れてロシア領内に進軍した。

プリゴジンは「正義の行進」と名付け、プーチン政権に自分たちの主張を認めるように要求した。その要求とは、ワグネルをこのままの状態で維持することと、ロシアを苦境に陥らせた元凶としてロシア軍上層部の責任を追及すること、とくにショイグ国防相とゲラシモフ参謀総長の更迭だった。

プリゴジンは同じくロシア軍上層部に不満を持つであろうロシア軍兵士たちに、自分たちに合流するように呼びかけ、「邪魔する者は破壊する」と宣言した。あくまで敵は軍上層部であり、プーチン政権への批判ではなかったが、もちろんプーチン政権の指揮系統から外れた暴発だった。これはロシア政府からみれば「反乱」に等しい行動だったため、ロシア軍からワグネル部隊に参加する動きは皆無だった。

本来ならこのワグネルの暴発部隊の行軍は、ロシア当局に阻まれ、制圧されるべき局面だったが、ここで奇妙なことが起きた。ワグネル部隊はロシア軍・治安部隊の抵抗をほとんど受けなかったのだ。しかし、同日午前10時、プーチンが声明を発表した。今回の蜂起を「裏切り」

と断罪する内容だった。これにより、プリゴジンの行動はプーチンに信任されないことが明白になった。プリゴジンはそれでも「たとえ大統領の命令でも自分たちを止められない」と宣言し、ワグネル部隊は北上を続けた。しかし、モスクワ市内まであと200㎞という地点に到達した時、ワグネルは進軍を止めた。プリゴジンは進撃停止を宣言し、ワグネル部隊はウクライナ東部の宿営地に戻っていった。

結局、プリゴジンはモスクワでの市街戦を回避した。軍上層部を批判はしても、プーチン政権に刃向かう意思はまったくなく、そこは踏み留まったともいえるが、軍事的にも勝つ見込みがなかったのだ。プリゴジン自身は自分たちの兵力を2万5000人と言っていたが、どうも最後までプリゴジンに従ったワグネルの兵力は約8000人程度と思われる。戦車や対空ミサイルなども持ってはいたが、数はそれほど多くはなかった。米国の研究機関「戦争研究所」が紹介した諸情報の中には、北上したワグネル部隊の戦車は9輌というものもあった。正規軍とまともに戦える規模ではない。

なお、ワグネルの兵力だが、のべ人数で4〜5万人と前述したが、損耗が大きく、2023年6月時点では1万5000〜2万人前後だったとみられる。つまり、概算では当時の兵力の半分程度がプリゴジンに従ったことになる。

プリゴジンの行動は、単純に暴発と言っていい。彼は本気で、最後にはプーチンは自分の味方になってくれると考えていた。ショイグやゲラシモフに反感を持つ多くの兵士が参入して大人数で自分の正しさを訴えれば、プーチンも目を覚まし、自分の言うことの正しさを理解してくれると思っていたのである。彼がやろうとしていたのは政権への叛乱ではなく、デモ行進であり、親分への直訴だった。要するに、彼は思慮の浅いチンピラなのだ。

なお、「プリゴジンの乱」の最終局面で、ロストフ州から引き揚げるプリゴジンを多くの住民が応援した映像が広く出回り、「プリゴジンはロシア国内で人気がある」との観測も広く拡散したが、それも一面的な見方だ。プリゴジンはプーチン批判は絶対にしないが、軍上層部に加え、エリート官僚やオリガルヒ（新興財閥）批判も声高に叫んでおり、それに共感するロシア国民はそれなりにいた。だが、かといってプリゴジンを政治指導者として支持するという話にはならない。

たとえば事件後、英BBCがロストフ州内の住民の何人かに匿名取材しているが、ワグネルが捕虜交換で帰還した味方の投降兵を見せしめにハンマーで殴り殺していたことなどは皆が知っており、一般住民には恐れられていたことが伺える。プリゴジン本人に声援を送った住民もいたが、彼らは単にその時の〝ノリ〟でやってしまったということだろう。

いずれにせよ、ただのチンピラの勘違い暴発である「プリゴジンの乱」は、当日のうちに終息した。米政府など西側陣営からは、これを機にプーチン政権の基盤が揺らぐことを期待するような情報発信が盛んになされたが、ロシアではプーチン政権はまったく揺らぐことはなかった。少なくとも表面的には、まるで何もなかったかのように平常に戻った。モスクワ防衛のためにロシア軍の一部が本国に向かったが、すぐにまた戦場に戻された。ウクライナでの戦局にもほとんど影響は出なかった。

ワグネルの残党のうち、契約兵士として残りたい人物はロシア国防省と個別に契約し、国防省指揮下の部隊としてウクライナ戦線に再投入された。ワグネル残党が二度と暴発しないよう、FSBが徹底的に監視して措置したものとみられる。

他方、アフリカでの活動は、主な部分はそのまま別の民間軍事会社に移行される形式がとられた。それらの後処理を仕切ったのは、おそらくGRUである。ワグネルの問題は、もともとGRUの秘密工作だったものが、プリゴジンというエキセントリックな人物の登場で迷走したが、「プリゴジンの乱」という騒動を経て、ロシア情報機関の工作という本来の姿に戻ったともいえそうだ。

第3章

習近平の恐怖の監視システムとスパイ・ネットワーク

香港民主派を追う公安部

２０２３年12月、香港警察は、保釈中にカナダに滞在していた民主活動家・周庭氏が、指定期日に出頭しなかったとして、保釈を取り消す方針を示した。これで周庭氏は指名手配されることになる。

周庭氏は２０２０年に香港国家安全維持法に違反したとして逮捕されていたが、その後、保釈されてカナダに渡り、現地の大学に通学していた。すでに香港には戻らないと公言していた。香港警察は周庭氏のカナダ滞在は認めていたが、定期的に警察に出頭することを保釈の条件としていた。香港警察は、かつて現地の民主化運動を主導した人々を徹底的に弾圧している。すでに収監され、保釈された人が何人も海外に渡ったが、香港警察はその主要メンバー13人を指名手配している。

一時は大きく盛り上がった香港の民主化運動は、中国当局がもはや完全に掌握した。中国当局はすばやく手を打ち、支配を確立した。もちろん習近平の指令の下でのことだ。たとえば２０２１年3月30日、中国の国会に相当する全国人民代表大会（全人代）の常務委員会は、香港の憲法にあたる香港特別行政区基本法（香港基本法）の付属文書を修正し、選挙制度を変更した。

もともと香港基本法では立法会での普通選挙拡大を謳っていた。たとえば返還翌年の1998年には3分の1だった直接選挙枠が段階的に拡大され、2004年には2分の1までに達していた。それが2021年の見直しにより、約22%にいっきに縮小された。しかも、民主派に不利に選挙区が改編されるとともに、新たに立候補者に厳しい事前審査制が導入された。これで事実上、当局が立法会を支配する仕組みとなった。

これはもちろん香港の人々にとっては抑圧的な話であるが、すでに香港の民主派は完全に封じられており、2019年の時のような大きな抵抗運動は起こらなかった。香港の人々に残された政治的な民主制度は崩壊したのである。

香港当局は、1997年の英国からの返還時に国際公約した「将来50年にわたって（2047年まで）一国二制度で政治的自由を認める」との約束を反故(ほご)にし、これに抵抗する民主派への弾圧を強化した。また、中国本土においても、人々の政治的自由を徹底的に抑圧し、民主活動家を弾圧している。

ここでは、中国共産党による香港支配強化の「システム」の全貌と、中国国民監視の手法についてみていきたい。

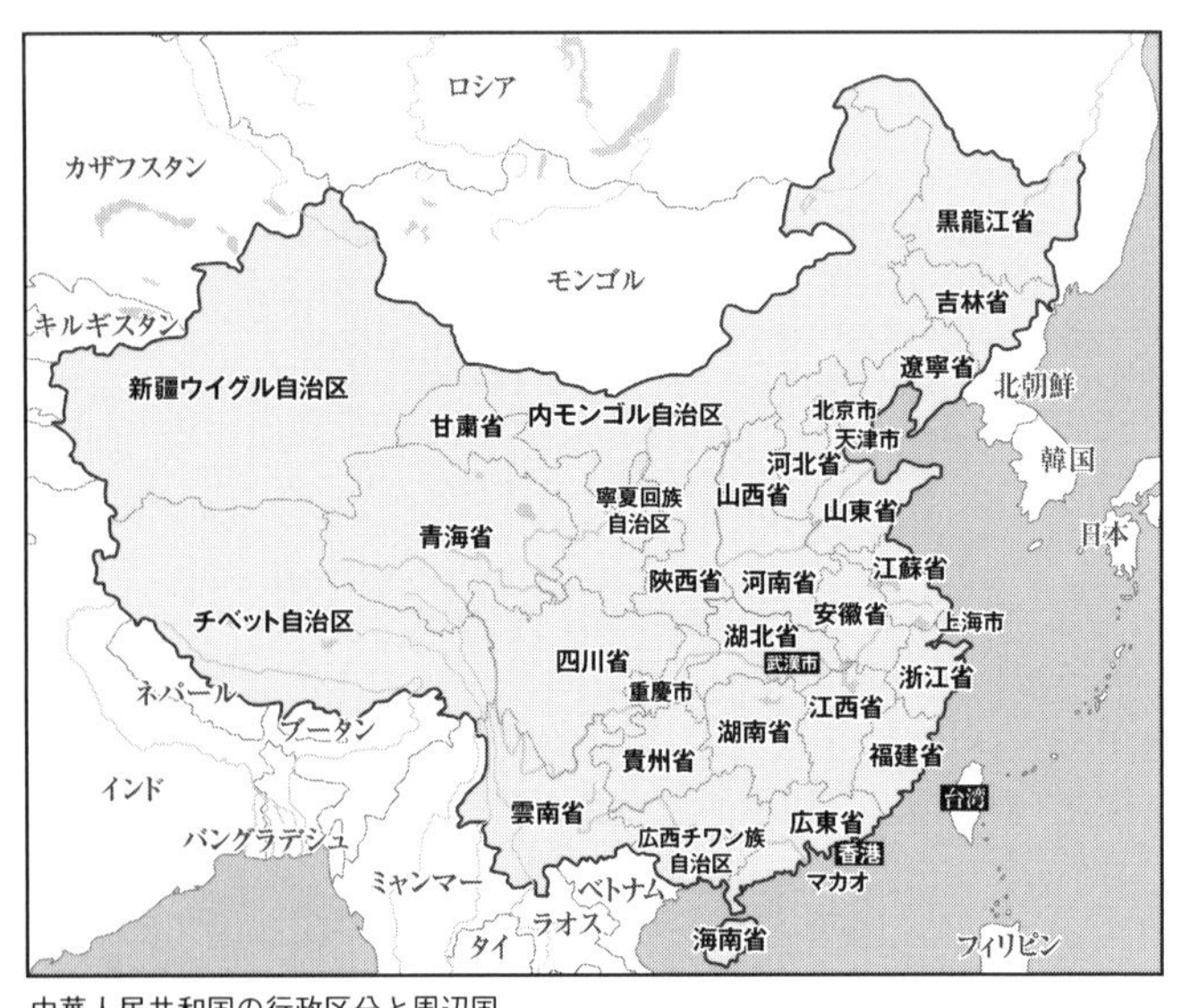

中華人民共和国の行政区分と周辺国

まず中国当局による香港支配だが、彼らはたとえば人民解放軍の大軍を香港に侵攻させて占領するなどの手段はとっていない。

習近平政権はいちおう国際的な非難をかわすために、彼らなりの段階を踏んでいる。その主軸は、香港の行政機構である香港特別行政区政府を支配し、その傀儡（かいらい）政府を使って支配を進めることだ。

そこで彼らは、いちおう彼らなりの法的な手順を踏んでいる。

とくに2020年6月30日に、中国支配に反する言動を取り締まる「国家安全維持法」を施行したことが、決定的な転換点になった。その後、民主派勢力をそれまで以上に、徹底的に弾圧する方針を強化したのだ。

中国の香港支配のやり口

香港当局の強権ぶりは、もちろん中国側の意思によるものだ。中国による香港支配システムは、2020年6月末の国家安全維持法施行で、より明確になった。たとえば同年7月3日、同法に基づき、「国家安全維持公署」と「香港国家安全維持委員会」が設置されるとともに、「国家安全事務顧問」が任命された。

国家安全維持公署は、中国政府（国務院）の監督下にあり、中国政府に対して説明責任を負う。香港の司法・警察活動を監督する組織で、絶対的な権限が与えられている。香港の警察活動の実務は香港政府に指示してやらせるが、国家安全維持公署そのものにも捜査権限が与えられている。いわば中国政府公安部の出先機関といえる実働部隊で、香港では最上位のコワモテな権力組織といえる。

この国家安全維持公署は国務院の監督下と前述したが、実質的にこの部署を指揮するのは、国務院の警察機構である公安部の筆頭部局である「1局」（政治安全保衛局）の統括下にある「香港マカオ台湾事務弁公室」という機関だ。国家安全維持公署には他の中国当局の情報・治安機関からも要員が参加しているが、やはり圧倒的に公安部1局の影響力が強い。この国家安全維持公署と連携しつつ、実際に香港の警察活動を指揮するのが、「香港国家安全維持委員会」だ。こちらは議長が香港特別行政長官で、ここが香港の司法・警察部門を指揮することになる。

ただし、香港国家安全維持委員会には、中国政府から「国家安全事務顧問」が送り込まれる。つまり香港国家安全維持委員会の名目上のトップは行政長官だが、事実上、その上位にこの国家安全事務顧問が君臨することになるのだ。この国家安全事務顧問は、中国政府の香港出先機関である国務院「香港連絡弁公室」の主任が兼任する。この人物はさらに中国政府の国務院「香港マカオ事務弁公室」副主任、党「中央香港工作委員会」書記も兼任する。事実上、香港特別行政長官の上位になり、司法・警察問題だけでなく、あらゆる行政問題で最高位の権力者ということになる。なお、香港国家安全維持委員会で実務を取り仕切る「秘書長」も、中国政府が任命する。この人物は同時に「香港特別行政長官弁公室」主任も兼任。中国政府による香港支配の事実上の実務統括者となる。

たとえば、2020年8月7日、米財務省が香港の反民主化を進める11人の人物に制裁措置をとったが、その11人の役職こそ、香港の人々を弾圧する任務を負っているともいえる。以下の役職である。

▽香港特別行政長官　▽香港警務処長（警察長官）　▽元香港警務処長　▽香港保安局長（治安、

出入国管理、税関、刑務所、消防などを統括）▽香港律政司司長（司法長官）▽香港政制及内地事務局長（中国本土と香港の政治的な調整を統括）▽国務院香港連絡弁公室主任　▽国務院香港マカオ事務弁公室主任　▽国務院香港マカオ事務弁公室副主任　▽香港国家安全維持公署署長　▽香港特別行政長官弁公室主任――。

この11人の中で最上位の役職は、国務院香港マカオ事務弁公室主任である。この人物は北京側の統括者ということで、トップの上のトップといえる。

彼の指導の下に香港連絡弁公室主任（国家安全事務顧問兼任）が現地のトップとして君臨し、香港政府を監督する。公安機関としても、香港警察の上位に国家安全維持公署が置かれ、睨みを利かせる。

こうした力関係の下で、香港政府の司法・保安機構は完全に統制され、香港市民を抑圧する。中国政府の香港支配の権力構造は、このようになっている。もはや香港の民主派が政治運動でそれを覆すことはできない。なかでも力で抑え付ける主体は国家安全維持公署だが、前述したように、ここが中国政府の国民監視統制機関である公安部の、香港出先機関的な役割になる。

公安部、軍、国家安全部、武装警察の役割

もっとも、公安部は国家安全維持公署が設置される以前から、香港警察をコントロールしていた。公安部で中国国民の監視・統制を担当する前出の香港マカオ台湾事務弁公室（公安部1局隷下）に同弁公室公安部が置かれ、その主力が香港に派遣されていた。統括者である主任は、香港警察本部内にオフィスを構えてしばしば滞在し、香港警察を事実上、指揮していた。

香港では2019年に香港警察が民主派デモを暴力的に弾圧した構図は、この中国政府から送り込まれていた公安部香港マカオ台湾事務弁公室主任が、現地当局の香港保安局局長や香港警務処長に指示して行わせていた。こうして降りてくる指示を香港特別行政長官も拒否することはできない。

もっとも、中国当局が香港に派遣していた実力組織は公安部だけではない。たとえば、人民解放軍の駐香港部隊がある。人民解放軍駐香港部隊は一連の民主化運動に対する弾圧には直接投入されていないが、香港特別行政長官の要請があれば、いつでも投入が可能となっている。もはや香港特別行政長官に実権はないので、事実上、中国当局の判断でいつでも投入が可能である。人民解放軍駐香港部隊は、党中央軍事委員会の直轄である。同委員会のトップはもちろ

ん習近平・同委員会主席だ。

駐香港部隊は1997年、イギリスからの香港返還と同時に香港に駐留した。駐香港部隊の司令部は香港島北部にある。数千人が駐留しているが、深圳にも基地があり、いざとなれば香港での増強が可能である。陸軍のほか、小規模ながら海軍と空軍も香港内に置かれている。

もっとも、駐香港部隊そのものは正規の軍隊なので、前述したように民主派弾圧には投入されていない。しかし、人民解放軍が一切、香港の民主派潰しに関与していないかというと、そんなことはあるまい。まず間違いなく軍の情報工作機関が、香港の民主派勢力の内部事情を探ったり、反・民主派勢力を扇動したりといった工作に従事したはずだ。

人民解放軍でこうした裏の工作を担当するのは、党中央軍事委員会の指導下で軍の活動を統括する参謀組織である「連合参謀部」内の「情報局」というセクションだろう。軍のいわゆるスパイ組織であり、駐香港部隊などとはまったく別のラインで秘密裏に動く。秘密活動だから、もちろん香港でどのような活動をしているか、詳細は不明である。

連合参謀部情報局は、民主派勢力にスパイを獲得するといった工作をおそらく行ったに違いない。内部情報をとるだけではなく、たとえば民主派勢力の分断を煽ったり、民主派勢力が香港市民から嫌われるような行動をとるように仕向けたりする工作を行った可能性が高い。また、反民主化に〝黒社会〟が動いたこともあったが、そうしたダーティな工作に関与した可能性もある。

香港で裏の活動を行っている中国の秘密機関としては、国務院の省庁であるスパイ組織「国家安全部」もある。国家安全部は対外情報工作の専門機関であり、もともと香港に情報網を敷いていた。その秘密のネットワークは当然、民主化運動潰しの過程でも暗躍したはずである。

さらに、香港の民主化運動を弾圧する側としては、インターネットでの人々の言論を監視する工作も間違いなく行われた。中国公安部はこの分野では世界最高峰の技術とシステムを持っており、それを香港で応用するなど造作もないことだ。このネット言論を監視・統制するシステムは、まさに自由を弾圧する核心の工作であり、すでにかなり大規模な導入が進められているはずである。

なお、人民解放軍はまだ民主派デモ弾圧に投入されていないと前述したが、他の〝治安部隊〟がまったく投入されなかったわけではない。人民武装警察部隊だ。人民武装警察部隊は人民解放軍と公安部の中間のような準軍事組織で、まさにデモ鎮圧や反体制暴動鎮圧を主な任務とする治安部隊である。2019年の香港のデモでは、人民武装警察部隊広東省総隊の一部が深圳市に集結し、テロ鎮圧の訓練などを盛んに繰り返して香港の人々を脅した。それだけではない。実は人民武装警察部隊の一部は、密かに香港市内にも派遣され、香港警察の背後でデモ監視も行っていた。

習近平の国民監視戦略

以上、中国がどのように香港を支配したかをみてきたが、人々を支配するその手法は、基本的には中国本土で中国当局が国民を支配する手法の延長である。

では次は、中国本土での国民強権支配の仕組みについてみてみよう。

実際のところ、中国共産党による国民支配は1989年の天安門事件以降、揺らいだ時は一瞬もない。経済が好調だったということはあるが、それにしてもその支配の構造は、システマティックに完成しているといっていい。

中国は一党独裁国家だから、もともと言論の自由はなく、当局が国民を監視・統制してきた。江沢民時代も胡錦涛時代も、民主派や人権活動家などは厳しく取り締まってきた。胡錦涛政権時代はまだ多少は緩やかだったが、それでも同政権末期の2011年には、同時期に中東で発生していた民主化運動「アラブの春」に触発され、民主派勢力が「中国茉莉花革命」（茉莉花はジャスミン。アラブの春の先駆けとなったチュニジアの政変が「ジャスミン革命」と呼ばれたことに因む）を呼びかけた際など、人民武装警察を主要な都市の市内に投入するなどして、完全に封じた。

しかし、国民全体を監視する仕組みは、２０１２年に習近平政権が発足した後、とくに２０１４年頃から顕著に強化されてきた経緯がある。これは、ちょうどその頃から中国が、南シナ海での実効支配強化や、インド洋やアフリカへの経済進出など、対外的進出方針を強化した時期と重なる。中国軍が党の統制下で大規模な改編を始めた時期もその頃だ。

そして、それらはいずれも、習近平・国家主席の方針だった。つまり、こうした対外的にも国内的にも強硬な路線は、もともと習近平が主導して進められてきたということだ。

現在、習近平は完全に独裁者といっていい最高権力者になっているが、その動きは２０１２年の権力獲得後まもなく国内で進められた権力強化から始まっている。まず汚職撲滅を旗印に党内の粛清を進め、権力を強固なものにしていったのだ。司法部門に強い影響力を持つ周永康(しゅうえいこう)を汚職で失脚させたのは２０１３年のこと。続いて翌２０１４年には胡錦涛側近だった令計画(れいけいかく)を、翌２０１５年には江沢民派の元軍トップである郭伯雄(かくはくゆう)も失脚させている。

そんな権力掌握時期の習近平は、２０１４年に重要な２つの方針を打ち出している。

１つは同年11月に国際会議で大々的に打ち出された「一帯一路」だ。これはもともと前年に習近平が国内で言い出していたもので、きわめて野心的な対外的進出戦略である。

もう1つはやはり2014年4月に発表された「総体国家安全観」(総合的国家安全観)という新しい安全保障方針だ。その内容は多岐にわたるが、その中で、とくに国家体制の維持を重視する姿勢が強調された。対外的な防衛だけでなく、国内の不満分子を徹底的に弾圧することも、国家の安全のための最重要施策だというわけだ。

その方針に従って、新しい法律が次々に作られた。

まず、2014年11月に施行されたのが「反スパイ法」(反間諜法)である。これは単に敵のスパイ活動を取り締まるだけではなく、欧米が持ち込む体制批判の思想や運動も取締り対象にしている。つまり、民主派勢力や人権活動家はすべて、敵に通じるスパイに等しいとして弾圧できるのだ。

2015年7月には「国家安全法」も施行された。これは国家安全保障全般にわたる法律だが、その中で、国内の安定を維持することも含まれた。つまり、共産党支配への批判は違法となり、徹底的に取り締まることができることとされた。しかも同法では、それを防止する活動も認められた。つまり、まだ批判的な活動をしていなくても、将来的にそうした可能性があるなら弾圧の対象になるのである。

2017年6月には「サイバーセキュリティ法」(網絡安全法)が施行された。これはインターネット通信の安全を確保するための法律だが、国家体制の安全に反するネット活動も取締り対象とされた。中東の「アラブの春」もそうだが、独裁体制への批判は、本来は自由な言論空間でもあるネット空間で培われる。したがって、世界の独裁国家はネットの統制をどうするかが問われる。自由な言論空間を放置すれば、独裁体制は存続できない。また、自由に情報にアクセスできれば、情報の統制が崩れ、国民は自分たちが異様な強権支配下に置かれていることを知る。それも独裁政権にとっては命取りになる。

そのため、たとえば北朝鮮は、国民をインターネットから遮断した。情報分野での鎖国を徹底させたわけだ。大統領がきわめて独裁色の強い政権であるロシアのプーチン政権は、当局がネット世論を強く統制しており、ロシア民族主義・愛国主義を前面に出して親政府的な情報誘導を大規模に行っている。言論空間としても、政権を批判する言論を「悪質なフェイク情報」とみなして取り締まる法律も作っている。

中国の場合は、ネット自体は経済発展のために奨励するが、海外の自由なメディアの国内からのアクセスの遮断と、徹底した書き込みの監視で押さえつける方針をとった。そのため、習近平政権以前から、公安部が金盾工程（ゴールデン・シールド）、防火長城（グレート・ファイアウォール）など大規模なネット検閲システムの開発・運営を行ってきた。

つまり、中国は国民にインターネットへの接続は許すものの、共産党政権にとって都合の悪い海外のニュースサイトや言論サイト、情報データベース、SNSなどはネット回線の大元で遮断し、国内からはアクセスできないようにしたのだ。また、当局が指定したNGワードによる検索などもできないようにしている。

ちなみに、2020年9月下旬から10月10日まで、わずか2週間だけだが、中国当局はグレート・ファイアウォールの一部を一時的に解除し、中国国内からのアクセスが禁じられていたユーチューブやインスタグラム、フェイスブック、グーグル、さらには『ニューヨーク・タイムズ』紙などへのアクセスを解禁した。中国国内の誰が、こうしたサイトへアクセスしたかのデータを蓄積する目的だったとみられる。

徹底したネット検閲システム

中国当局はもちろんネット言論空間での検閲も、大規模に行っている。ただ、この分野はかなり人的な手間がかかるものであり、膨大なネット利用者を完全に統制するのは難しい。そこでこのサイバーセキュリティ法では、ネット利用者に完全な実名制度を強いることを規定した。ネット回線の接続、あるいはすべてのネット通信において、利用者はネット運営企業に実名を登録しなければならない。つまり、ネット利用全体から匿名性を排除したのだ。また、ネット運営企業は少なくとも6カ月間、すべてのログを保存することを義務付けた。こうしたネット活動の統制強化により、言論空間としての自由度を強く阻害できるようになった。

さらにきわめつけは、2017年6月に施行された「国家情報法」だ。これは国家による国内の監視・統制のために公安部を筆頭とする当局機関に、きわめて強力な権限を付与する法律だが、同法では、あらゆる組織も個人も、当局機関の諜報活動への協力を強制できることと規定された。これにより、たとえば中国の諜報機関は、通信会社を含むあらゆる中国企業を、スパイ活動に利用できることになる。また、中国国内で運営される外国企業にも、情報活動への協力を強制できる。

また、海外に居住する中国国民にも、スパイ活動を強制できる。たとえば欧米に居住する中国系の人々に、本国に住む親族を事実上の人質として密かにスパイ行為を強要するようなことは以前から行われていたが、中国国籍の人の場合、法的にもそれが可能になった。

それに、情報活動への協力を求めるという口実により、外国人を含む中国国内のすべての人間の監視そのものが容易になった。情報活動への協力を強制できるということは、すべての人に個人情報をすべて提供させることも合法とされるのだ。

もちろんたとえば外国人の場合などでは、国際社会で人権侵害と非難されそうな措置については まだ慎重な対応をしているが、公安部などが本気でやろうと思えば、何かしらの容疑・口実をでっち上げて強制的な監視・統制の標的にすることもできる。実際、新疆ウイグル自治区を訪問した外国人旅行者に、現地の公安当局が携帯電話のデータの提供を要求していた事例なども多数報告されている。

このように、習近平政権は2014年に国内の監視・統制の徹底化方針を打ち出すと、2017年までの3年という短い期間で次々と新しい法律を成立させ、公式に国民監視制度を完成させた。その後、公安部の組織を改編したり幹部を入れ替えたりして、習近平の支配を強化し、胡錦涛時代から比べても格段に強権的な警察国家化を成し遂げたのだ。

では、こうした国内法の基盤を整備したうえで、中国当局はどのような国民監視・支配のシステムを構築しているのだろうか。

まず中国の国家保安機構については、習近平が創設した党の「中央国家安全委員会」で審議される。これは中国版NSC（国家安全保障会議）といえる機構で、習近平が主席を務める。

委員には党政治局常務委員ら党最高幹部が並び、事務局である「中央国家安全委員会弁公室」の主任は、習近平の側近である「総書記弁公室」主任（「中央弁公庁」主任を兼任）が務める。

国内支配の主な問題もここが最高意思決定機関になるが、国家システムの観点でみると、国内の司法機構を監督する最重要機関である党の「中央政法委員会」より上位という点が重要である。この中央政法委員会はもともと非常に強い権限があり、その実力者は裏の権力者化しがちなポストだった。その典型例が周永康だったが、2012年に習近平が権力を握った翌年、汚職という名目で粛清されている。つまり独裁に邁進する習近平にとって、中央政法委員会を抑えることは非常に重要なことなのだ。

国民監視機関「公安部」の全貌

この中央政法委員会の監督下で、中国当局のすべての司法・警察機関は活動する。それらの組織のうち、中国国民を監視し、支配する役目を負っているのは、圧倒的に公安部だ。公安部は一般の犯罪捜査や交通管理も含む警察全般を担当するが、中国の場合、国民を監視・支配する秘密警察の性格を強く帯びる。むしろそちらのほうがメインといっていいだろう。

中国政府の公式サイトによれば、任務は違法行為の防止、抑制、摘発、テロ活動の防止と取り締まり、公序良俗の維持、戸籍・住民IDカード・国籍の管理、出入国管理、外国人の中国国内での居住・旅行に関する事務の管理、公共情報ネットワークのセキュリティ監視の監督・管理とあるが、違法行為の防止には、反体制活動防止も含む。テロ活動の防止には、ウイグル人弾圧が含まれ、戸籍管理は国民監視、ネットワークのセキュリティ監視はネット検閲にほかならない。

公安部の本部は北京市東長安街14番街。全国の要員数は190万人に及ぶ。公安部は巨大な組織だが、2018年に大きな内部改編があった。現在は以下のような主要部局がある。

弁公庁、新聞宣伝局、政治安全保衛局（1局）、経済犯罪偵査局（2局）、治安管理局（3局）、反邪教局（4局）、刑事偵査局（5局）、反テロ局（6局）、食品・薬品犯罪偵査局（7局）、特勤局（8局：要人警護）、中央警衛局（9局）、鉄道公安局（10局）、ネットワーク安全保衛局（11局）、技術偵察局（12局）、拘置所管理局（13局）、海関総署緝私局（14局：密輸取締り）、中国民用航空局公安局（15局）、警務保障局（16局）、交通管理局（17局）、法制局（18局）、国際協力局（19局：ICPO関係）、装備財務局（20局）、禁毒局（21局：麻薬取締り）、科学技術情報化局（22局）、政治部、巡視工作領導小組弁公室、機関党委員会、直属機関紀律検査委員会。

また、各省・自治区に「公安庁」、直轄市である北京市、上海市、天津市、重慶市には「公安局」がある。それらには一般犯罪を取り締まる「民警」の上位に、政治警察である「敵偵処」が置かれている。

なお、公安部の部局のうち、一般の中国国民を監視する任務を主に負っているのは、政治安全保衛局(1局)で、1局長は国民監視の実務トップといえる。その他にもネット検閲をネットワーク安全保衛局(11局)、盗聴活動などを技術偵察局(12局)が行っている。政治安全保衛局(1局)はもともと、公安部内の政治公安警察「対反革命偵察局」という組織だったが、それが後に「政治保衛局」に改編され、さらに「国内安全保衛局」に改編され、さらに政治安全保衛局に改編されたという経緯がある。

この公安部政治安全保衛局(1局)の内部は現在、以下のようになっている。

総合処(一般総務)、情報基礎信息処(情報部門)、対外連絡処、社会調査処、基層基礎工作指導処(基本インフラ運営)、民族宗教領域案件偵察処、反顛覆破坏偵察処(破壊活動偵察)、境外非政府組織管理弁公室、洋上非政府組織管理局、技術支援与訓練処、信息化処(情報技術関係)――。この他にも、公安部香港マカオ台湾事務弁公室と公安部警務保障企業管理弁公室を統括している。

以上が公安部の現在の大まかな指揮系統だ。公安部は中国国民の監視で主な役割を負っているが、権力の構図としては、中央国家安全委員会（トップは習近平）↓中央政法委員会↓公安部↓公安部政治安全保衛局（1局）という指揮系統になっている。中国国内におけるこの公安部および公安部政治安全保衛局の権限は絶大である。

コワモテ準軍事部隊とIT監視網

このように、国民の監視は弾圧マシーンの秘密警察でもある公安部が主に行っており、少しでも政治的に反体制と疑われた人物は摘発対象となっている。ただし、公安部では対応できないような大規模な反体制デモなどに備えている治安部隊が他にもある。前述した人民武装警察部隊だ。ちなみに、人民解放軍もそうだが、中国共産党の場合、人々を弾圧する国家暴力装置には、その性質を糊塗するためにことさら「人民」という枕詞が付けられる。中国で「人民」という用語が付いた場合、実際には逆に人民弾圧のための〝怪しい組織〟だということが多い。

人民武装警察部隊は、一般の暴動鎮圧にも出動するが、まさに反体制運動の鎮圧を主任務とする準軍事組織で、もともと組織上は国務院公安部の下にありながら党中央軍事委員会武警察総部の指揮を受けるという二重管理下にあったが、2018年1月に完全に公安部の管理が外され、党中央軍事委員会の隷下組織に改編された。

いずれにせよ中国国内で人々を武力で弾圧する事態が発生した場合、党中央軍事委員会の命令で人民武装警察部隊が投入されることになる。党中央軍事委員会の主席は前述したように、もちろん習近平である。

ところで、中国当局の国民監視の中心は、今ではネット検閲になっている。ネット監視の司令塔は党の「中央網絡安全和信息化委員会弁公室」（中央ネットワーク安全情報化委員会事務局。国務院の「国家互联網信息弁公室」と同一組織）で、その指導の下で党や政府のさまざまな組織によるネット監視が行われている。もっとも、その中心はやはり公安部だ。

中国はまた、多額の資金を投入し、監視カメラと携帯電話監視のシステムを構築した。都市部を中心に監視カメラは全土に数億台規模で設置され、顔認証ソフトによる国民監視システムが稼働している。都市部に配備されているAI監視カメラをネットワーク化したものは「天網工程」（スカイネット・プロジェクト）と名付けられ、地方自治体のものは「雪亮工程」（シャープアイ・プロジェクト）と名付けられている。一般の犯罪捜査など、必ずしも国民監視が目的ではないが、当然、国民監視ではきわめて強力なツールになる。

また、携帯電話のデータが管理され、個人の行動監視に使われている。中国では2020年1月に武漢市で凄まじい新型コロナの感染拡大があったが、主にこの携帯電話データによる個人行動監視によって隔離を徹底化し、感染拡大の抑止に成功している。携帯電話データの監視によって、電子マネー決済などのデータもファイルし、もはや詳細な個人監視が可能になっている。なお、こうした個人監視の手法は、もちろん香港での民主派監視にも応用されているはずである。

流出した内部文書でわかったウイグル弾圧の手法

中国のウイグル人に対する人権侵害は、いまや世界中に知れ渡っている。中国当局によって「再教育」と称して強制収容され、強制労働や拷問などが行われたのは、すでにのべ100万人を超えているとみられる。中国当局によるウイグル人迫害は凄まじいものだが、では中国当局はそもそもどのようにウイグル人の住民たちを監視しているのか。その詳細を記した中国警察当局の内部文書が流出したので、その概要を紹介したい。

これは、米情報サイト「インターセプト」が2021年1月29日に公表したレポートで詳細に紹介された、新疆ウイグル自治区とその中心都市であるウルムチ市の公安局のデータベース内の文書である。流出した内部データは、52ギガバイトもの大量のデータであり、約2億5000万行の文書を含んでいる。同データベースに使われているソフトは、セキュリティ企業「ランダソフト」が開発した「iTap」というデータ管理システムである。ランダソフトは上海の民間企業である。

インターセプトでは、その膨大な内部報告書から、いくつかの具体的な監視活動例をピックアップして紹介している。たとえば、ウルムチ市の警察自動化システムがあるケースで「情報判定通知」と呼ばれる命令を傘下の警察署に出していた。その経緯は以下のように説明されていた。

まず、警察当局が過激派とみなす人物の親族の女性が、中国国内で広く使われているスマホのメッセージアプリ「微信（WeChat)」を通じて、雲南省への無料旅行を申し込んだ。その女性が見つけたのは、〝トラベラーズ〟というグループが募集したものだった。

警察はそのトラベラーズというグループに注目した。なぜなら、そのグループには、ウイグル人、カザフ人、キルギス人などのイスラム系少数民族の人々も200人以上含まれていたからだ。根拠はそれだけだが、ウルムチ市の警察は監視対象と判断した。情報判定通知にはこうある。

「彼らの多くは、強制収容されている者の親族である。最近、多くの情報により、過激派の親族が集結する傾向が明らかになっている。この状況には大きな注意が必要である。この通知を受け取ったら、すぐに調査せよ。トラベラーズを企画した者たちの背景や動機、活動の内実を調査すべし」

この命令を受け取ったある警察署が、内部捜査をして報告書にまとめている。それによると、同署は一人のウイグル人を検挙している。しかし、警察署の報告書によれば、その人物は過去に犯罪歴はなく、中国国内を旅行したこともなかったという。

しかし、彼の携帯電話は没収されて警察の「インターネット安全ユニット」に送られて解析された。また、彼は「管理・監視」対象と決定され、それにより、政府が任命した地元の人物が彼の家庭を定期的に訪問して報告することとされた。そして、彼に関するすべての記録は、警察の自動化システムに登録された。

警察がこの人物を検挙したのは、5カ月前に長姉が宗教活動をしていたからということだった。その宗教活動というのは、この長姉と夫が別のウイグル人の夫婦を家に招待した際に、メッセージアプリ「テンセントQQ」の宗教討論グループに誘ったということだ。

それにより、この夫婦はノートパソコンを購入し、毎日午前7時から午後11時30分までグループにログインし、夫はタバコと酒をやめ、妻は丈の長い服を着るようになった。警察はこの2組の夫婦を逮捕し、168の宗教的な音声データファイルを没収した。これは、預言者ムハンマドが生きていた頃のイスラム教を実践することを提唱するイスラム運動「タブリーギ・ジャマート」に関連するものだったらしい。その後、この長姉と夫の消息は不明で、もう1組の夫婦は強制収容所に入れられたことがわかっている。

インターセプトが入手した公安部の内部データには、警察内部の情報ファイル、警察での会議記録、町中に設置されている公安部の検問所の記録なども含まれている。さらに公安部による電話、ネット、金融などの監視についても詳しい内情が記されている。そして、こうした内部データからは、公安部が「過激派の監視」と称して行っている住民への監視活動が、単にイスラム教徒社会の宗教的な活動を調べているだけであることがわかるという。

また、このデータベースからは、公安部の情報分析の手法もある程度わかる。たとえば、収集した情報を自動化された取り締まりソフトウェアにかけることで、前述したような旅行グループを監視対象と浮き上がらせるなどといったことだ。

スマホが国民監視ツールに

さらに注目されるのが、「反テロの剣」あるいは「データドア」と通称されているツールの乱用である。これは、個人のスマホに接続してデータをダウンロードするツールで、公安部はこれを町中の検問所で通行人に対して広く強制的に使用している。その対象にはもちろん漢人は含まれていない。しかもこれは個人の行動を監視するにはきわめて強力なツールであるから、当局が要監視と判断した人物には有無を言わせずに強要する。たとえば、一時期、新疆ウイグル自治区を訪問した外国人旅行者（日本人含む）が空港で強制された実例も多数、報告されている。

町中では、警察が各地に検問所を設置している。検問所は公衆無線LANを住民に提供し、携帯電話の充電などのサービスも行っていて、当局は「地域と警察の距離を縮める役割を果たすもの」としているが、実際には住民監視の出先ポストである。

検問所では、イスラム系住民を見つけると、スマホをこの装置に差し込ませる。すると、自動的にスマホ内のデータ、たとえば連絡先、テキストメッセージ、写真、ビデオ、音声ファイル、文書などを吸い上げ、禁止事項リストと照合する。また、微信やSMSのテキストメッセージも確認する。その時に抽出されたデータは、公安部の自動監視ソフトであるIJOPに統合される。

インターセプトが入手したデータベースでは、人口350万人のウルムチ市とその周辺地域で、2年間に200万件以上の検問の記録が含まれている。ウルムチ市郊外の人口3万人のある地域の2018年の公安部報告書には、当局が40カ所の検問所を使って、同年3月の1週間で1860人、4月の1週間で2057人に対してこのスマホのスクリーニングを行ったことが記載されている。

なお、こうした検問所では携帯電話の検査は、スマホが対象であり、旧来式のガラケーには行われていない。そのため住民の中には、検問所でのチェックが煩わしいため、あえてガラケーに切り替える人もいるが、ガラケーを使っているウイグル人、とくに新規でガラケーを購入したウイグル人は「怪しい」として監視対象となることもある。

また、スマホ所有者でも、一時的に電源を切ったり、仮想プライベートネットワーク（VPN）を使用したりすると、それが自動的に探知され、「怪しい」とされる。公安部では確認のために本人に電話するが、それに応答しないと「いよいよ怪しい」となる。したがって、ウイグル人たちは24時間、常に携帯電話の電源を入れておかなければならないし、警察から電話がかかってきたら、いつでも出なければならない。

なお、検問所でのスマホのスクリーニング時には、監視用のソフトもダウンロードされる。それによって、警察ではリモートで対象端末を監視することも可能になるのだ。たとえば、「浄網衛士」（ジンワン・ウェイシ）というアプリは、スマホのファイルを監視するアプリで、「証拠収集管理」は微信やメールを監視するデータ収集アプリである。これらによって、新たなデータ、写真、GPSの位置情報、ネット検索や通信での危険単語の使用などが監視される。なかでもGPSの位置情報はきわめて強力な個人監視ツールで、個人の行動追跡に広く利用されている。

なお、住民にダウンロードされるのは、単に個人監視アプリだけではない。たとえば、「人民安全」という住民による密告用のアプリもある。それによって、住民に他の住民の密告を奨励しているのだ。

こうしたアプリなどにより、ウルムチ市でどれだけの携帯電話使用情報が収集されたかというと、たとえば、ある2年弱の総数では、収集されたSMSメッセージが約1100万件、通話時間記録や通話先データが１１８０万件にも上っている。ちなみに、同時期に収集した連絡先リストは７００万件、端末識別情報などの情報は約25万５０００件に達している。

なお、これらの監視工作では、もちろん電子商取引の購入履歴や電子メールの連絡先なども携帯電話から抽出されている。公安部内部資料の報告書には、微信、新浪微博（中国版ツイッターと呼ばれるＳＮＳ）、テンセントＱＱ（メッセンジャーアプリ）、陌陌（モモ。出会い系マッチングアプリ）などからの情報も含まれている。なかでも公安部が個人を監視する際に、微信のアクセス情報を頻繁に利用していることが伺える。警察の捜査活動報告書にも、さまざまな会合の記録にも、微信を監視に利用していたことを示す記述がきわめて多い。

興味深い報告書もある。公安部が微信の情報をモニターして監視対象の行動を追跡する訓練の報告書だ。その訓練では、囮役の公安部員が微信に書き込みしながら町中を移動し、他の公安部員がその微信の書き込みを監視しながら追跡するというものだった。

顔認証と健康データも監視の手段

このように、公安部は個人のスマホを最大の住民監視ツールとして利用しているが、その他に使われる手法としては、顔認証スキャンがある。たとえば警察の検問所でも、しばしば顔認証が行われている。検問所に設置された監視カメラによる自動スキャンでも行われているが、警察官が手動で行うケースも多い。とくに身分証明書を所持していない場合、顔認証スキャンがその場で行われるという。

こうした顔認証スキャンでは、コンピューター画面上で顔に黄色、オレンジ、赤のインジケーターが表示され、システムが不審者や犯罪者と判断した場合、その人物は尋問を受け、逮捕されることになる。たとえば、前述したウルムチ市郊外の人口3万人のエリアの場合、ある1週間のスマホ検査が計2057人だったわけだが、その同じ時期に顔認証スキャンは935人に対して行ったとの報告がある。なお、その中に過激派の容疑者は皆無だったが、警察官の判断でこのうち237人の報告が送られている。

顔認証スキャンはもちろん、街角に張り巡らされた監視カメラによっても行われている。監視カメラは顔認証だけでなく、車のナンバー読み取りによる車両追跡にも使われる。この監視カメラでの追跡とスマホのGPS追跡の併用によって、個人の移動記録の追跡はかなり可能になっている。

なお、顔認証スキャンのためには、そもそも住民の顔写真データがなければならない。そこで利用されているのが、「全員のための健康診断」である。これは政府が住民全員の健康管理のためと称して、住民の顔写真、声紋、DNAなどの生体情報を収集するプログラムである。これは地域ごとにも行われているほか、警察の検問所でも日常的に行われている。これは事実上の強制となっていて、前述したように政府は公式には健康管理のためと言っているが、実際には公安部がその生体情報を利用していることが、各種の内部報告書から明らかになっている。

この「全員のための健康診断」で収集された個人情報のうち、たとえば顔写真は監視カメラでの顔認証スキャンに利用されており、声紋は通信傍受の際に個人特定に使われている。流出した公安部の内部資料からは、この他にも個人監視の手段をいくつも知ることができる。たとえば銀行の取引記録や電子商取引記録などである。

公安部の住民自動監視システム「IJOP」

また、この流出資料には公安部の内部資料として、取り締まりや情報収集の優先順位を示したさまざまな関連文書や、収集した情報の要約、地域の施設の確認、被拘禁者の家族の訪問、不審者や情報提供に関する調査情報、地域で注目されている人物の監視情報などが含まれており、さらに事実上の公安部の補助機関である各地域の「地域安定会議」の議事録がかなり数多く含まれている。

この内部資料の多くは、公安部の住民自動監視システム「一体化連合作戦平台」（ＩＪＯＰ）による情報が多く含まれていた。ビッグデータ解析システムであるこのＩＪＯＰこそが、ウイグル人の大量拘束に使われるハイテクな監視システムだ。ＩＪＯＰについては２０１８年２月、国際人権団体「ヒューマンライツ・ウォッチ」も詳細な調査レポートを発表している（同団体はその後、２０１９年にＩＪＯＰのモバイルアプリを詳細に解析。さらに２０２０年２月に新疆ウイグル自治区ホータン地区カラカシュ県の拘束者リスト、同12月にアクス県の２０００人分以上の拘束者リストを入手し、ＩＪＯＰの実態を含むウイグル人監視の実態を報告している）。

ＩＪＯＰでは、まず公安部が収集しているウイグル人住民の個人情報がファイルされている。身分証情報である氏名、年齢、身長、血液型、職業、家族構成などはもとより、前述した「全員のための健康診断」で収集した各住民の顔認識データや声紋データ、ＤＮＡサンプルを含む生体認証データがファイルされている。そこに、前述したような個人の電子取引情報、あるいはスマホ監視システムで収集した個人情報をアップする。

ＩＪＯＰではこうした情報に加えて、監視カメラの顔認識データ、Ｗｉ－Ｆｉ傍受、移動情報、宿泊情報、各種施設利用情報、車両ナンバープレート監視、検問所での個人チェック、公安部による自宅訪問・尋問などさまざまな公安部収集の膨大な分量の個人データを自動分析して、公安部が誰をどのように監視し、拘束するかを導く。つまり、個人情報を集めてインプットすると、ビッグデータ解析によって、自動的に監視対象・手段を提示するシステムだ。

しかし、ヒューマンライツ・ウォッチの調査によると、これはかなりアバウトな情報の解析であり、とても過激派の容疑者などとはいえない通常の生活を送っている普通の一般市民が監視・拘束の対象にされていることが非常に多いという。要するに、それによって「100万人以上の拘束」などという凄まじい人権侵害に繋がっているわけである。

インターセプトの流出資料の情報に戻ると、たとえば冒頭に示した微信の旅行グループ「トラベラーズ」に対する監視指令も、IJOPが指示したものだった。

なお、監視対象は重要度ごとに3段階に分けられ、ラベリングされていることもわかっている。このデータベースでは、ウイグル人を過激派や犯罪者に分類するマーカーを繰り返し使用している。しかし、漢人にはマーカーは使われていない。

また、この文書では、公安部がウイグル人住民の心理を監視しようとしていることもわかる。たとえば、国旗掲揚式と呼ばれる、中国政府への忠誠心を表明するために毎週行われている地

域イベントが、重点的に監視されている。参加をさぼったり、熱心でなかったり、参加中の態度が悪かったりした人間は「中国国旗に敬意を払わないから、過激派の可能性がある」という無理筋な論法である。

収容所送りの口実集めの手法

公安部は元勾留者だけでなく、その親族も監視し、参加しているかどうかを確認し、どれだけ熱心に参加しているかを見きわめて記録している。国旗掲揚式の参加者は、忠誠心を誓約する言葉を発することを強要されるが、その態度によって、要監視対象が3つのカテゴリーに分類されていた。参加者が心からの愛国心を持っていないかのような様子を見せると、雇用主や隣人らが警察に通報することになっている。また、警察要員が自ら国旗掲揚式を監視することもある。こうした情報は、誰を再教育キャンプに送るべきかの判断材料にされている。

イスラム教の一般的な信仰表現や、宗教に対する好奇心までもが監視の対象となっており、多くの場合、捜査につながっていることが確認されている。宗教心を持つこと自体が、過激派の可能性があるという極端な判断だ。監視対象となる項目としては、たとえば、髭を生やしたり、礼拝用の敷物を持ったり、ウイグル語の本を持ったり、飲酒や喫煙をやめたりすることである。

また、当然、モスクも監視されている。モスクには監視カメラが設置され、出入り口や内部が監視されている。モスク内での要注意行動とされているのは、ウイグル人の民族帽子なしで祈ること、香水をつけること、あるいは祈りの最中に陶酔したような様子を見せることなどだ。それに、他の住民と祈りの形式が違うような人物がいれば、その人物も摘発対象になる。その地域の昔からのオーソドックスな祈り方は当局の気を引かないが、新しい祈り方をした場合、「国外の過激派と接触した可能性がある」と判断されるのだ。

公安部の内部文書から、公安部がモスクへの入場者を厳しくチェックしたり、礼拝の様子を監視したりすることなどで、モスクへの入場者数を減らすことを狙っていることもわかっている。時には警察はモスクに出入りする全員のセキュリティチェックまで行っている。あるモスクでは、4カ月間の総入場者数が前年同期に比べて96％以上も減少したという報告もある。

他にも公安部員が定期的に各戸を訪問し、礼拝用マットや宗教本などの宗教的なアイテムの有無を検査するなどの強制捜査も行われている。当然ながら、公安部はウイグル人の多い地区を重点的に監視しているが、そういった地区と他の地区とのネットワークも警戒している。ある警察署の文書には、とくにウイグル人住民の多い新疆南部からの移住者を重点的に調査した記録がある。1週間で新疆南部出身者605人を登録し、そのうち383人とその同居人を調査し、367台の携帯電話と9台のパソコンを解析したという。

公安部はまた、とくにモスクやネットでの説教活動と、その導師を監視している。中国政府に認可されていないイスラム教の導師は公安部からすればすべて危険分子とされている。ある警察署の記録には、いわゆる違法な説教に関与した60人が記載されており、そのうち50人が身柄を拘束されている。

流出した公安部のデータベース文書によると、公安部はとくに「逆流防止」と呼ぶ警戒活動に力を入れていることがわかる。ウイグル人の国外とのネットワークを徹底監視する活動である。たとえば、海外に行って帰国した人物、あるいは海外にいる親族や友人とコンタクトした人物は危険人物とされ、監視・拘束の対象となる。

内部文書には、いったん海外に出て政治亡命を申請した元住民が、テロリストとしてマークされていたことなどが詳細に記されている。中国国外に渡航するウイグル人やその親族・友人も徹底的に監視されている。それだけでなく、海外にいるウイグル人までが監視対象にされていることがわかっている。

海外ばかりではない。中国国内でも新疆ウイグル自治区以外の地域に行ったり、あるいはそうしたエリアの人物と接触したりした人物は、過激派容疑者として監視対象となる。しかも、監視対象はその対象の本人だけに留まらない。その親族や友人までもが「テロリスト容疑者の接触者」として監視対象となる。

たとえば、ウルムチ市のある警察署で、ある女性の高校時代の友人がスタンフォード大学に留学しており、その友人と微信でトークしていたことから、監視対象とされた記録もある。報告書には、「調査によると、とくに規則や法律に違反していることは見つかっていない。彼女は積極的に地域の活動に参加し、旗揚式にも積極的に参加していた。疑いはないと判断できる」とある。そんな些細な、根拠にもならない理由で監視作業が行われたことがそこには記されているのだ。

ウイグル人以外も監視対象

そうした監視対象はウイグル人に限らない。たとえば、ある地域の文書として、市外の家族を訪ねた住民のすべての携帯電話とパソコンに不正なコンテンツがないか検査したことが記載されている。

漢人が投獄された実例もある。2018年、新疆大学民俗学研究センターに勤務する杭州出身で漢人の学者が検挙されたのだが、それは彼女が米国やイギリスの大学で学んだ経験があるからだった。摘発の理由はスマホに当局未公認のアプリがあったからということだったが、それはもともとその端末にインストールされていたものであり、しかも彼女はそれを一度も使用していなかった。それにもかかわらず、彼女は2年の懲役刑を言い渡されていたようで、投獄記録もある。

パスポートを持っているだけでも怪しいとされる。ウイグル人のパスポートを持っている人は、パスポートを持っていない人よりも頻繁に当局にチェックされているという資料がこのデータベースにはある。また、ある警察署では、「特別な注意が必要な人物」の中に、「地元の問題を考えるために北京に行った」4人があげられている。

外国との電話やメールのやりとりも監視されている。ウルムチ市の記録には、「重点国」への電話をきっかけに、当局が運転手を再教育キャンプに送ったことが報告されている。この重点国というのは、公安部がイスラム思想と接触する可能性があると判定している26カ国のことだ。ヒューマンライツ・ウォッチの報告によると、新疆ウイグル自治区当局は、これらの国と接触のある人々を尋問、拘留、投獄の対象としている。対象国はアフガニスタン、アルジェリア、アゼルバイジャン、エジプト、インドネシア、イラン、イラク、カザフスタン、ケニア、キルギス、リビア、マレーシア、ナイジェリア、パキスタン、ロシア、サウジアラビア、ソマリア、南スーダン、シリア、タジキスタン、タイ、トルコ、トルクメニスタン、UAE、ウズベキスタン、イエメンである。

また、監視工作は国外在住のウイグル人にも及んでいる。たとえば海外在住のウイグル人のスマホをハッキングしたり、微信の利用を監視したりしているのである。

また、このデータベースでは、近年、監視の指示を決めるのにAIを導入していることが報告されている。その最たるものが、前述したIJOPで、かつてはIJOPもそれほど自動化が進んでいないものだと認識されていたが、この流出データベースでは、機械学習技術の使用が増加していることが明確に示されている。

たとえば、ウルムチ市公安部が使用しているスマホのアプリでは、顔認証の結果が表示され、警察の記録から上位にマッチした人物の情報が表示されるが、その技術には短時間で高度なスキャニングが必要であり、かなりAIが導入されていることが伺える。

新疆ウイグル自治区の当局は、住民の密告制度にも力を入れている。一般住民の中から当局の息のかかった住民を起用し、近隣住民の情報を報告させるのだ。そのため、戦前・戦中の日本の隣組のような制度も作っている。「安全部隊」と呼ばれる正式な地域コミュニティ組織で、各地域や各職場ごとに10人ずつのグループに分け、各グループから1人を任命して、さまざまな訓練に駆り出したりするのである。

バカみたいな規則もある。テロを防ぐため、食堂では包丁をすべて鎖で繋ぎ、包丁の所有者を表すQRコードを付けることが義務付けられているというのだ。実際、ある餃子店の包丁が鎖で固定されていなかったことを重大視して報告する警察の報告書もある。

他にもある。たとえば大量の食料を購入した人物は「テロの準備をしている可能性がある」とされ、自宅玄関よりも頻繁に裏口を使用すると「隠れて行動している」とされる。通常よりも多くの電気やガスを使用すれば「何か企んでいる」となる。

そして、誰かがこうした網にかかると、その家族、親族、友人なども監視対象となる。こうした言いがかりのような雑な指標に基づき、公安部はウイグル人住民を36の「疑わしさのタイプ」に分類し、監視・拘束の方針を決めているという。

以上のように、中国公安部による新疆ウイグル自治区でのウイグル人監視は、スマホ情報や監視カメラ、個人の生体情報や電子取引情報、GPS追跡、ビッグデータ解析などのハイテク・IT技術がふんだんに取り入れられていることがわかる。おそらくその先端性でいえば、住民監視システムは世界最高度といえる規模だろう。

しかし、そうしたハイテクなシステムを使い、過激派容疑者割り出しの範囲をはるかに超える大雑把な括りでウイグル人住民を根こそぎ監視・摘発するという人権無視も甚だしい運用が実行されている。それにより、まったく反政府活動とは無縁のウイグル人すらも、ちょっとした行動だけで拘束されている。新疆ウイグル自治区に住むウイグル人の住民は、こうしてまるで奴隷のような監視・虐待下に置かれているのだ。

中国サイバー・スパイの全貌

中国はもともと胡錦涛政権の時代から、国内を監視する目的でサイバー監視能力を強化してきたが、その能力を使って国外でのスパイ活動も活発に行っている。中国がサイバー戦に力を入れるようになって久しいが、2020年以降、新型コロナウイルスの感染拡大を受けて、中国はとくに米国から、ワクチン開発関連の情報などをハッキングによって盗もうとしていた形跡がある。

CNNが2020年4月25日に伝えたところによると、米国の医療機関や研究機関が広く攻撃を受けているが、その中でもコロナ対策の司令塔である「疾病対策センター」（CDC）を監督する保健福祉省のネットワークが集中攻撃を受けていたという。さらに同年5月13日には、米FBIと国土安全保障省の「サイバー保安・社会基盤保安局」（CISA）が共同で、「中国政府系ハッカーが、ワクチンや治療薬、検査に関する情報を狙って、米国の研究者にサイバー攻撃を仕掛けている事例が見つかっている」と発表した。翌5月14日にはポンペオ国務長官（当時）も、「中国のサイバー部門が新型コロナ研究に関連する米国の知的財産やデータを盗もうと試みており、米国は中国に対し、この悪質な活動を中止するよう求める」との声明を発表している。

中国のこうしたサイバー攻撃は、狙われている標的からすると、何か政治的な目的があっての攻撃というよりは、むしろ純粋に金銭的利益を狙ってのものと考えられる。当時、世界各国の研究機関や製薬会社が、新型コロナウイルスのワクチンや治療薬の研究を行っていたが、その最先端の情報を盗むことができれば、世界に先駆けて新薬を開発できる可能性が高まる、つまり、計り知れない巨額の利益を得ることが期待できたのだ。

サイバー工作の中でも、このように密かにハッキングして価値ある情報を盗むサイバー・スパイの最大の特徴は「やれるだけやったほうが得だ」ということである。これはもちろん相手国からすれば不正な犯罪行為であり、安全保障上も許されない攻撃ということになるが、なにしろ証拠を掴むのがきわめて難しい。仮にサイバー・スパイが露呈し、ハッキングの発信源が中国だったとしても、そこが他の何者かによって「踏み台」に利用されていたという可能性が残る。逆に言えば、犯人は自分たちが責められても「いや、私たちも踏み台に利用された被害者なのです」と言い逃れができる。

こうした犯人をさらに追い詰めるには、どこまでもネットワークのアクセスを遡って調査する必要があるが、たとえば米国の捜査機関は中国国内のサーバーやネットワークを調査できない。そこは中国当局に調査を託すしかないが、中国当局のサイバー・スパイ工作であれば、もちろんそこは「調べたが不明だった」とごまかされて終わりだ。

その国家の壁は高く、ほとんどの疑惑がうやむやに終わるが、例外もある。2014年5月、米国司法省がサイバー・スパイの容疑者として、中国軍の5人の将校を起訴し、指名手配した件がそうだ。彼らは、中国国有企業が交渉していた米国の原発関連企業「ウェスティングハウス・エレトリック・カンパニー」(東芝子会社)の原発プラント設計情報を盗んだり、ドイツの太陽光発電パネルメーカー「ソーラーワールド・インダストリー」から製品情報を盗むなど、主に経済的利益のために不正なハッキングを行っていた。

米当局はこれらのハッキングを辿り、上海の中国軍「第61398部隊」の5人の将校がこれらの工作を行っていたことを掴んだのだ。この部隊は中国でサイバー戦を担当する総参謀部（当時）第3部第2局の実働部隊だった。

こうした犯人の名指しまでいけることはきわめて少ないが、たとえそこまでいったとしても相手が容疑を否定すれば話はそこで終わりだ。このようにサイバー・スパイはきわめてリスクが小さい情報収集であり、うまくいけば期待できる利益も大きい。情報機関からすると、能力があればやるハードルは低い。実際、中国はサイバー・スパイの能力をかなり強化しており、そうした工作の疑惑が表面化する例も多くなってきている。

暗躍する中国ハッカー

中国のサイバー・スパイ工作は、もちろん金銭的利益目的に限らない。もちろん安全保障上の利益、つまり仮想敵国の機密情報を盗むことも行っている。たとえば米国防総省の報告書「中国の軍事安全保障の展開」によると、中国からの日常的なサイバー攻撃は、ほぼ内部情報の抜き取り、つまりサイバー・スパイ工作が目的であり、米国の外交・経済・学術・産業から軍事的情報まで広く及んでいるという。それも、米国に対して軍事的に優位に立つための情報が狙われており、単に平時に優位を狙うだけでなく、有事に役立つ軍事情報も含まれるという。

もちろん日本も狙われている。2020年5月20日、菅官房長官（当時）が記者会見で、三菱電機へのサイバー攻撃で、防衛省が研究中の「滑空弾」の情報が流出した可能性について「引き続き安全保障上の影響を精査中」と発言した。これは同日の『朝日新聞』のスクープ報道を受けてのことだが、同紙によると、「防衛省が試験の発注先を入札で決めるのに先立ち、三菱電機を含む複数の防衛産業に貸し出した【性能要求事項】（射程、耐熱性、推進力などが記載されているとみられる）がサイバー攻撃で漏洩した可能性が高い」という。特定秘密には該当しないが、防衛上重要な情報であり、「注意情報」に該当する。

同紙によると、ハッカーとして「ブラックテック」および「ティック」（別名ブロンズバトラー）という産業スパイの中国系ハッカー集団が浮上しているという。当時の政府関係部署の勉強会で配布された資料では「ブラックテックは武漢、ティックは上海に拠点がある中国軍の部隊と連携し、いずれも軍の監督指揮下にあると分析」「2015年末にサイバーや宇宙、電磁波の部隊を統合して設立した戦略支援部隊の動向を注視すべきだとの意見も出た」とのことだった。

なお、ブラックテックは主に日本と台湾の製造業を標的としており、ティックは主に日本と韓国の防衛・航空宇宙関連企業を狙う。セキュリティ企業「トレンドマイクロ」のレポートによると、ティックはとくに「日本に本社を置き、中国に子会社を持つ防衛、航空宇宙、化学、衛星などの高度な機密情報を有する複数の組織」に焦点を絞っているという。

習近平が進めてきた情報機関の大改造

中国当局でハッキングを行う組織は、大きく分けて3つある。「軍のサイバー部隊」「政府機関のサイバー工作機関」、それと政府・軍と連携する民間サイバー集団、いわゆる「サイバー民兵」だ。

実は、ハッキング部門を含む中国の情報機関が近年、再編・強化されてきている。とくに2010年代半ばに大きな組織変更があった。

習近平国家主席が軍の大幅な改編を発表したのは、2015年11月26日のことだ。それまで人民解放軍は創軍以来、伝統的に内戦を戦う軍だったが、そこから脱皮して対外的な防衛軍へ改編するというコンセプトでの大改編だった。

それに基づき、中国軍は翌2016年にかけて、実際に大きく変貌を遂げた。7軍区から5戦区への改編、統合運用強化などもあったが、さらに党の中央軍事委員会による作戦部隊への統制が大幅に強化された。情報部門もその改編で、ドラスティックに再編された。

まず2016年までの情報部門の編成を示すと、中央軍事委員会の下に「総参謀部」「総政治部」「各軍区司令部」「各軍司令部」が置かれ、それぞれの下に情報部門があった。そのうち中心的な部局は、総参謀部隷下の「第2部」「第3部」「第4部」だった。

総参謀部第2部はいわゆる情報部であり、情報分析、秘密スパイ工作、画像分析、無人偵察機の運用などを担当した。同じく第3部は技術偵察部であり、信号情報収集・分析（シギント）、サイバー・スパイ、通信防諜などを担当した。前述した第61398部隊はこの総参謀部第3部の部隊である。

第4部は電子戦部であり、電子情報収集・分析（エリント）、電子戦を担当した。また、総政治部の情報部門は「連絡部」で、政治・宣伝戦を主に担当したが、宣伝分野での秘密スパイ工作も行った。

さらに各軍区司令部には、それぞれ「情報局」「技術偵察局」が置かれ、インテリジェンス活動とシギント活動を担当した。各軍司令部にも同じくそれぞれ「情報局」「技術偵察局」が置かれていた。

それが2016年以降、情報部門の編成は次のように変わった。党中央軍事委員会の下に「連合参謀部」「総政治部」「各戦区司令部」「各軍司令部」「戦略支援部隊」が置かれた。旧総参謀部第2部は、連合参謀部に「情報局」として組み込まれた。

ただし、無人偵察機部門は外され、人的なスパイ活動と軍事的な情報分析部門に制限された。スパイ活動も軍事分野に限定され、政治的な分野は政府の正規の省庁である「国家安全部」にかなり移された形跡がある。総政治部の「連絡部」は維持された。だが、基本的にはおそらく国内政治向けの活動が主とされ、対外宣伝活動の一部は新設の軍の戦略支援部隊に移された。

各戦区司令部と各軍司令部にはそれぞれ「情報局」が置かれた。旧・軍区司令部のシギント部隊である「技術偵察局」の機能は戦区司令部情報局に移管されたが、その戦力の一部は、戦略支援部隊に移管された。また、旧・各軍司令部に置かれていた「技術偵察局」のシギント部隊は、すべて戦略支援部隊に移管された。

その戦略支援部隊は新設された部隊で、宇宙作戦、電子戦、サイバー戦、心理戦を統括する部隊である。情報分野でいえば、旧体制での総参謀部第3部(技術偵察部)、同第4部(電子戦部)および各司令部技術偵察局、それに旧総政治部連絡部の対外宣伝部門が合併したかたちである。

戦略支援部隊の司令部には、宇宙作戦を担当する「宇宙システム部」(航天系統部)と、電子戦およびサイバー戦、シギント、心理戦を担当する「ネットワークシステム部」(網絡系統部)

が設置されている。サイバー戦はネットワークシステム部が統括している。戦略支援部隊は宇宙作戦や電子戦も統括するため、約17万5000人の大部隊だが、そのうちサイバー部隊は約3万人とみられる（「防衛白書」より）。

新設された「戦略支援部隊」の強みとは

なお、中国では軍以外にも政府系のサイバー機関が2つある。前述した対外情報機関「国家安全部」と、国内治安機関「公安部」がそれぞれ運用するサイバー部門だ。ここは以前は、対外スパイと防諜で一部に重複した部分もあったが、現在は任務の棲み分けが進み、対外情報収集は前者が、国内は後者が一元的に統括するようになってきている。

したがって、対外サイバー工作は、もっぱら国家安全部のサイバー部門が担当するが、予算からしても、その規模は軍の戦略支援部隊サイバー部門よりはかなり小さいとみられる。逆に公安部のサイバー部門は、国内のネット活動を監視するため、かなり強化されている。

以上のように、中国の情報部門の近年の全体的な改革は、大まかに言えば「国内部門と国外部門の棲み分け」「軍事情報と政治経済情報の棲み分け」が進められたことになる。国内と国外の棲み分けというのは、かつては防諜を担当する公安部と、国外を担当する国家安全部には、互いの作戦において重複するところもあったのだが、公安部と国家安全部の担当を、より厳密に線引きするようになってきたということにほかならない。ただし、外国情報機関に対する監視作業の延長に限り、国家安全部は中国国内でのスパイ摘発を継続している。

また、軍事情報と政治経済情報の棲み分けというのは、かつては軍の総参謀部第2部と政府の国家安全部はどちらも対外スパイ活動を行っており、作戦的に重複する部分が多かったのだが、近年は軍のスパイ機関（現在は連合参謀部情報局）はより軍事情報分野に特化し、政治経済分野では国家安全部の役割が高まったことを意味する。ただし、これらはあくまで大まかな棲み分けであり、まだ現場レベルでは厳密に線引きされているわけではない。

それともうひとつの大きな変化は、軍のシギント部隊と電子戦部隊の一本化だ。戦略支援部隊の創設がまさにそれだが、軍の情報スパイ部門からシギント部隊を分離し、電子戦部隊と統合することで、よりハッキング工作の能力を上げたのだ。

とくに近年は、ネット社会が発達したことで、情報活動におけるハッキングの重要性が決定的になっている。ハッキングを制する者が情報の世界を制すると言ってもいい。そうした状況を受け、中国では、対外情報スパイにおける軍の戦略支援部隊と、国内監視における公安部のハッキング部門の重要性が増している。

そんななか、軍の現場では、こうした統合によって、サイバー戦の能力が強化された。ハッキングなどのテクニカルな分野と、語学や外国事情などの文系の分野の連携が進められる基盤ができたからだ。

もともと軍の情報部門でも、シギント部門には語学や外国事情に通じた要員が配置されていた。技術的には電波傍受そのものより、暗号解読などの数学部門と、それ以上に通信の翻訳やその意味するところを分析する作業が主だったからだ。しかし、スパイ活動も近年は、シギントよりハッキングが重視されるようになってきた。そのため電子戦の技術の重要性が増した。

ただし、電子戦部門だけでは、ハッキングは難しい。ハッキングを効果的に行うには、標的を絞って罠を仕掛けるフィッシングなどのように、標的の言語や内部事情を熟知する必要がある。それには、電子戦部隊のテクニカルなノウハウと、従来のシギント部隊分析部門の相手国への工作ノウハウを融合することが重要だ。ただ、だからといって、サイバー・スパイのハッキングの技術は、軍事的な電子戦でのハッキングと重複するので、別々に開発するのは効率が悪い。つまり、電子戦部門の中に、シギント部門とサイバー・スパイ部門を組み込むほうが効率的なのだ。

現在の中国軍では、サイバー工作を主導しているのは、戦略支援部隊のネットワークシステム部である。部隊番号は第32069部隊で、本部は北京市海淀区西部にある。戦略支援部隊のサイバー戦には、サイバー・スパイ工作だけでなく、ネットを介して相手のネットワークにダメージを与える物理的なサイバー攻撃も含まれる。中国軍では、台湾有事を想定し、米軍の増派や補給を妨害する目的でのサイバー攻撃がメインと推測される。

また、戦略支援部隊はネット世論操作などの対外宣伝の心理戦も行うが、それを担当するのが、総政治局から戦略支援部隊に移管された心理戦部隊「第311基地」だ。同部隊は台湾に近い福州に配置されている。

日本を狙うサイバー部隊の所在

中国のサイバー工作の指揮は、この北京の戦略支援部隊ネットワークシステム部がとるが、各工作は旧シギント部隊の拠点が中心になって行われているものと推測される。もともと標的国の言語や社会事情に通じている要員が配置されているからだ。

こうした現場部隊のうちの主要12部隊の本部は、8個が北京に、2個が上海に、他に各1個が青島と武漢に配置されている。上海では主に北米・欧州を、青島では日本と朝鮮半島を、武漢では台湾と東南アジアを担当しているとみられる。また、その他にも瀋陽、南京、済南、福州、厦門、蘭州、成都、烏魯木斉、昆明にも部隊が配置され、各地域の拠点を統括している。

こうしたサイバー部隊（シギント兼務）のうち、日本を標的にしているのは、主に青島の「第61419部隊」で、他に瀋陽の「第65016部隊」、済南の「第72950部隊」と推測される。瀋陽の部隊の拠点はハルピン、チチハル、ドンニン（黒竜江省）、牡丹江、フルンベル（内モンゴル）、佳木斯、琿春、大連にある。こちらは対ロシアも管轄だが、対日工作にかかわっているのは、位置関係からみて、北から琿春、瀋陽、大連の3か所と推定される。また、済南の部隊の拠点は威海にもあり、青島の部隊の拠点は即墨、北京、上海、杭州にもある。

以上の情報を突き合わせると、対日サイバー工作の拠点は、日本海から東シナ海にかけての沿岸部を中心に、北から、琿春、瀋陽、大連、北京、済南、威海、即墨、青島、上海、杭州と、計10カ所がぐるりと日本列島を覗き込むように配置されていることが推測できる。おそらくそれらの拠点では、自衛隊や在日米軍の通信を傍受すると同時に、電子戦部隊の協力を得ながら、日本語や日本の事情に通じた要員が、日本政府機関や防衛・先端技術企業へのサイバー・スパイ工作も取り仕切っているものと思われる。

ただし、これらのサイバー工作は、必ずしも前述した軍事拠点から行われるわけではないことに留意する必要がある。中国軍はＩＴ企業や大学・研究機関、あるいは民間ハッカーなど、多くのサイバー民兵を抱えており、攻撃主体はこうしたサイバー民兵にやらせることも多い。そうした中国軍の下請けグループは、中国全土に散在しているのだ。

党中央統一戦線工作部を警戒せよ

なお、中国はこうしたスパイ活動だけでなく、フェイク情報を含めたさまざまな心理工作の手法で国際的な世論誘導工作を盛んに行っている。これはもともとはロシアが得意とする工作だが、２０１６年の米国大統領選での米国世論の迷走、あるいはＱアノンのような陰謀論の横行など、ロシアが裏で拡散工作をしてきた心理作戦が大きな効果を上げたことをみて、中国も真似てきている。近年、「認知戦」という新たな用語も登場しているが、宣伝や偽情報も駆使して対象国の世論を誘導する工作だ。

これらの情報工作はネット・ＳＮＳを駆使するものもあるが、それだけではない。実際に人と人との繋がりを利用して、外国で中国に有利な世論を醸成しようという工作もある。そうした工作の主力を任っているのが、党の「中央統一戦線工作部」（統戦部）である。同部は本来、海外の親中国勢力に働きかける工作を担当する部署だが、彼らの手法は現地国の政治団体、メディア、研究機関などオピニオンを牽引する多方面の関係者と接触し、やはり心理戦の手法で世論誘導を図っている。

これらの心理戦の誘導工作は、中国共産党がまだ抗日ゲリラだった八路軍の頃からの得意技で、統戦部だけでなく党や政府（地方政府含む）のあらゆる対外部門が常にやってきたことだが、その動きが２０１５年を境にかなり強化されている形跡がある。やはり習近平体制の危険な特徴といえる。こうした水面下の影響力工作は、各国においても摘発対象となるスパイ工作とは限らず、事件化（表面化）しないこともままあるが、今では欧米主要国、あるいはオーストラリアなどの情報機関は、きわめて強い警戒心を持って監視している。

第4章

金正恩「独裁体制」の源泉

～北朝鮮の暗殺組織

驚愕の金正男暗殺の手法と北朝鮮工作機関の特徴

2017年2月13日、マレーシアのクアラルンプール空港で、故・金正恩の異母兄にあたる金正男が軍用毒物「VX」を使って殺害された。いたずら動画の撮影だと偽って無関係な女性2人を実行犯に仕立てるという手のこんだ北朝鮮工作機関の暗殺作戦だった。

北朝鮮はかつて破壊工作をしばしば行っていた。1983年に韓国の全斗煥(チョンドゥファン)大統領の暗殺を狙ったラングーン爆破テロや、1987年の大韓航空機爆破テロなどが有名だが、他にも国外での暗殺・暗殺未遂をしばしば行っていた。日本人にとっては、長期にわたって大掛かりに、そして秘密裏に行われていた日本人拉致は許せない所業である。

もっとも、そうした国外での破壊工作は、近年は減少傾向にあった。その代わりに北朝鮮工作機関の活動で注目されたのは、サイバー犯罪である。北朝鮮では軍の工作機関である「偵察総局」を司令塔として約7000人のハッカー部隊があるとみられるが(「防衛白書」による)、とくに目立つのは、彼らによる金銭目的の犯罪である。北朝鮮のハッカー・グループは、外国の金融機関を狙ってサイバー攻撃をかけ、不正な送金を仕込んで巨額の資金を騙し取ったり、仮想通貨取引にハッキングして多額の通貨を抜き取ったり、ランサムウェアを送り付けて金銭を脅し取ったりといったことを日常的に繰り返している。北朝鮮工作機関はかつて偽ドル札の製作や覚醒剤の密売で独裁者一族用の外貨を稼いでいたが、それらの手法が封じられるなか、サイバー犯罪に血路を見出したといった感じだ。偵察総局はもちろん対韓国の政治的・軍事的目的にサイバー攻撃もやっているが、北朝鮮のサイバー攻撃の特徴は、そちらよりも金銭詐取に主力を置いているという点である。

2大工作機関「偵察総局」「国家保衛省」

もっとも、北朝鮮の個人独裁を維持するために、秘密警察機関が国内を徹底した恐怖支配で縛り付ける状況には変わりはない。独裁体制の維持に危険と判断すれば、国内の人間は党や軍の高官だろうと即座に粛清される。国外でもその手を緩めることはない。その典型例がマレーシアでの金正男暗殺だ。この犯人について、韓国の情報機関「国家情報院」は当初、「北朝鮮軍の工作機関である偵察総局の仕業」との見解だったが、その後の捜査によって、同月27日、「偵察総局ではなく、秘密警察である国家保衛省が実行した。それに北朝鮮外務省が協力している」との見解を公表した。その後の情報をみても、この見立てで間違いはあるまい。

北朝鮮には海外でこうした破壊工作を実行する国家機関が2系統ある。前述した軍の「偵察総局」と、現在は内閣の「省」ということになっている「国家保衛省」である。この2つは、いずれも裏の工作機関だが、組織系統がまったく別で、むしろ互いに牽制する関係にある。金正男暗殺においても、当初、「偵察総局と国家保衛省の共同作戦では?」といった推測も一部にはあったが、この両組織が共同作戦を行うというのは、非常に考えづらい(金正恩(キムジョンウン)の命令があれば、もちろん別だが)。

では、この2組織は、どういった組織なのか?

偵察総局は、ひとことで言うと「海外で諜報活動や破壊工作を行う情報機関」であり、国家保衛省は「反体制分子を摘発する秘密警察」である。もともと海外での破壊工作はもっぱら偵察総局(およびその前身の諸組織)の役割で、国家保衛省(およびその前身の組織)はもっぱら国内での秘密警察活動を行う組織だった。しかし、昨今の脱北者の増加にともない、脱北者狩りを任務とする国家保衛省は、脱北者がまず逃げ込む中国北東部での活動に乗り出し、やがて脱北者を追って東南アジア、さらには韓国国内にまで活動範囲を広げた。欧州などでの北朝鮮外交官らの亡命を阻止すべく、世界中での監視活動も強化された。そして現在では、むしろ国家保衛省のほうが、脱北者などに対する追跡・摘発、時には殺害行為まで及ぶに至り、偵察総局よりもダーティワークの主役になっている。

ダーティな秘密工作・テロ全記録

では、北朝鮮ではこれまで、どのような国家テロを実行してきたのか。その歴史を振り返りつつ、工作機関の活動の流れをまとめてみたい。もともと海外での活動は、偵察総局およびその前身の諸組織の役割だったと前述したが、まずはその系譜の事件からみていこう。

▽青瓦台襲撃未遂

北朝鮮による最初の大規模なテロは、1968年1月の青瓦台襲撃未遂事件だろう。これは、当時の朴正熙（パクチョンヒ）・韓国大統領を殺害すべく、北朝鮮の特殊部隊が韓国に潜入し、大統領府である「青瓦台」を襲撃した事件である。結局、この時は、韓国軍兵士に偽装して休戦ラインを越えて韓国に潜入した31人の北朝鮮特殊部隊は、青瓦台から約800mの地点まで接近した時点で発見され、銃撃戦の末に撃退された。

この作戦を実行したのは、北朝鮮軍の「第124部隊第1中隊第1小隊」である。第124部隊は対南潜入特殊作戦を専門とする特殊部隊で、その後、大幅に増強されて「特殊第8軍団」

と改編され、さらに現在では「軽歩兵教導指導局」となっている。つまり、この作戦はあくまで軍事的な特殊作戦という位置づけで、いわゆる工作機関が行う破壊工作とは系統が異なる。

▽文世光事件

1974年8月、北朝鮮工作機関からの指令を受けた在日韓国人の文世光（ムンセグァン）が、同年8月15日の光復節（独立記念日）の祝賀行事に出席していた朴正煕大統領夫妻を銃撃。大統領は難を逃れたものの、夫人が被弾して殺害された事件である。

犯人である文世光は、北朝鮮の朝鮮労働党の工作機関である「対外連絡部」（当時）の協力者で、訪日した連絡船「万景峰号」の内部で対外連絡部の上司（指導員という）から指令を受けていた。なお、日本国内の北朝鮮工作機関協力者はかつて、しばしば訪日した万景峰号に乗船し、船内に潜んでいる工作機関の指導員から指令を受けてきたが、こうした指令のやり方を「訪船指導」という。

▽日本人拉致

今では周知のとおり、北朝鮮は主に1970年代後半から1980年代前半にかけ、多くの日本人を拉致した。それに関わったのは、朝鮮労働党の当時の工作機関である「対外情報調査部」と「対外連絡部」である。

対外情報調査部は、海外での諜報活動や破壊工作を行う専門部署で、日本国内で発生した日本人拉致のほとんどの実行組織である。彼らは工作員を、主に工作船を使って日本に潜入させ、日本人の戸籍を乗っ取って本人に成りすまし(戸籍を奪って成りすますことを「背乗り」という)、在日朝鮮人などを徴募した協力者(土台人という)のネットワークを組織し、諜報活動を行った。なお、このために使われた工作船の運用は、党の別の工作機関である「作戦部」が担当した。

他方、日本人拉致はヨーロッパでも行われた。こちらは対外連絡部の工作で、そのために使われたのが「よど号グループ」だった。よど号グループの監督は対外連絡部だったからである。具体的には、よど号ハイジャック犯の日本人妻たちがヨーロッパに派遣され、対外連絡部の指導員の指示により、欧州旅行中の若い日本人を騙し、空路で北朝鮮に送り込むかたちで拉致していた。

▽ラングーン事件

1983年10月、ミャンマーのラングーン(現在のヤンゴン)を訪問していた全斗煥・韓国大統領を殺害するため、北朝鮮の工作班が爆弾テロを実行。大統領は難を逃れたものの、韓国副首相ら計21人(韓国政府団17人、ミャンマー政府側4人)が殺害された。

この爆弾テロを実行したのは、北朝鮮軍の当時の「偵察局」である。偵察局は軍の中の対外破壊工作専門部隊であり、前述した党の工作機関とは別系統の、かなり軍事的な要素の高い破壊工作を行っていた。ちなみに、前述した1968年の青瓦台襲撃未遂事件の実行グループである北朝鮮軍「第124部隊」も、もともとはこの偵察局から選抜・分離した特殊部隊である。

▽大韓航空機爆破テロ

北朝鮮が行った過去の国家テロの中で、最も知られるのが1987年11月の大韓航空機爆破テロだろう。これは、偽造パスポートで日本人に成りすました北朝鮮工作員2人が、バグダッド発アブダビ＝バンコク経由ソウル行きの大韓航空機に、バグダッドで搭乗し、爆弾を仕掛けてアブダビで降りた。大韓航空機は飛行中に爆破され乗員乗客115人が殺害された大事件だった。

実行した部署は、党の「対外情報調査部」で、実行犯2人は逃亡中にバーレーンで逮捕されたが、その際に1人は服毒自殺した。残った1人が、美人スパイとして有名になった金賢姫（キムヒョンヒ）である。

▽李韓永暗殺

1997年、韓国に亡命していた李韓永（イハンヨン）という人物が、ソウル市内の自宅アパートの前で銃撃され、殺害された。この人物は、本名を李一男といい、金正男の実母である成蕙琳（ソンヘリム）の姉の息子、つまり金正男の従兄弟にあたる人物だった。

この李韓永は1982年に韓国に亡命し、1996年に暴露本を出版した。この暴露本で「喜び組」など北朝鮮上層部の私生活を明らかにしたことが、暗殺の原因ではないかと推測されている。この事件の実行犯はそのまま逃げ切ったが、後の情報により、朝鮮労働党の工作機関「対外連絡部」による暗殺作戦との説がある。

軍「偵察総局」の全貌

北朝鮮の工作機関による破壊工作は、小さなものも含めるとまだまだあるが、主な作戦は以上である。このうち、青瓦台襲撃未遂は、系統としては工作機関ではなく、軍の特殊部隊による軍事作戦だが、その他の事件はすべて、軍および党の工作機関による破壊工作と位置づけられる。作戦に関わったのは、当時の党「対外情報調査部」「対外連絡部」「作戦部」および軍「偵察局」である。

このうち対外情報調査部、対外連絡部（かつては社会安全部という名前だった）、作戦部は、平壌の朝鮮労働党の3号庁舎に司令部を置いており、合わせて「3号庁舎」と内部で通称されていた。3号庁舎にはもうひとつ、やはり党の工作機関である「統一戦線部」も入っており、正しくはその4つの工作機関を合わせて3号庁舎と呼ばれた。

なお、統一戦線部も工作機関だが、そこは対南工作全体を取り仕切る部署で、破壊工作というよりは、表と裏の人的ネットワークを駆使しての政治工作や宣伝・情報工作を含めた広範囲な工作を行っている。統一戦線部は他の工作機関よりは格上の扱いで、歴代の統一戦線部長は党内での序列も高い。ちなみに日本の朝鮮総連を監督するのも、この統一戦線部の担当だ。

これらのうち、対外情報調査部は金正日（キムジョンイル）政権の後期には党の「35号室」と名称を変えた。そして、金正日が晩年の2009年に、35号室と作戦部、それに軍の偵察局の3組織を合併し、軍の「偵察総局」を誕生させた。これはつまり軍の偵察局が党の35号室と作戦部を実質的に吸収したといっていい。なお、この時もうひとつの党の破壊工作機関である対外連絡部は偵察総局には吸収されず、いったん「225室」という名称で内閣傘下に組み込まれ、秘密工作機関としての活動は大幅に縮小した。その後、統一戦線部の隷下に改編されている。

このようにして誕生した軍の偵察総局は、そのまま母体である3組織の役割を踏襲した。偵察総局の内部機構は、推定で以下のとおりだ（第4局は不明）。

▽第1局（作戦局：旧・党作戦部）

スパイ浸透・養成担当。海州、南浦、元山、清津の4カ所に出撃のための連絡所を運営。

▽第2局（偵察局：旧・軍偵察局）

軍事作戦を担当。2010年の韓国哨戒艦撃沈事件にも関与したとみられる。

▽第3局（対外情報局：旧・党35号室）
外国で対南情報を収集し、第三国を通した韓国浸透を支援する。

▽第5局（対南交渉局：旧・国防委員会政策室の実働セクション）
南北対話関与、交渉技術研究などを担当。

▽第6局（技術サイバー局）
サイバーテロとスパイ装備開発。

▽第7局（支援局）
他部局の工作を支援。

キーマンだった「偵察総局」初代局長

偵察総局は組織上は軍の組織だが、軍の指揮系統からは事実上独立しており、金正恩に直結している。この偵察総局の特異性を説明するため、まずは朝鮮人民軍の組織構造について解説しておきたい。

朝鮮人民軍の組織上のトップは人民武力相だが、あまり実権はなく、3つの大きな軍内組織である「総参謀部」「総政治局」「偵察総局」がそれぞれ独立して実権を握っている。なかでも権限が強いのは、軍内政治警察である総政治局で、総政治局長ポストは北朝鮮では金正恩につぐ事実上のナンバー2ポストである。総参謀部のトップである総参謀長は、朝鮮人民軍全体を指揮する事実上の軍トップで、以前は金正恩につぐナンバー2ポストだったが、現在は総政治局長のほうが序列が上だ。

もっとも、この北朝鮮の権力機構の序列についてよく誤解されているのは、どの機関が制度的にどの機関より上とか下とかいう話だ。形式上はそうした序列があるが、実際には北朝鮮の権力構造は、トップである金正恩と「その他」の関係しかない。金正恩が優遇する組織が優先されるし、それらの組織のトップの人間も、その序列は金正恩が意のままに決める。北朝鮮の政権幹部には序列は存在するが、それはあくまでその時点での金正恩による評価にすぎず、序列が上の人間が下の人間より単純に偉いということではない。北朝鮮で偉いのは金正恩だけで、その他は全員、偉くないのである。

軍の独立機関である偵察総局は、陣容は総参謀部や総政治局よりずっと小規模だが、秘密工作機関であるため、総参謀部傘下の実戦部隊とは指揮系統を切り離され、金正恩直結の別系統となっている。もともと初代局長だった金英哲（キムヨンチョル）が全権を握っていた組織だ。つまりは金正恩から金英哲に、総参謀長を通じない直結のルートがあったということである。

金英哲は2009年に創設された偵察総局のトップに就任した時点では、国防委員会政策室長だったが、その後、権力中枢に引き上げられ、2016年1月には偵察総局長から党統一戦線部長・党書記（対南担当）に昇進した。その後、北朝鮮は政治機構を改編したが、それに則って統一戦線部長との兼任で、党中央委員会副委員長、党政治局員、党中央軍事委員会委員、国務委員会委員などにも就任した。その後、彼は2019年にいったん党統一戦線部長を解任されたが、2021年に復帰している。

いずれにせよ、偵察総局はこのように初代局長だった金正哲の部隊という印象が強い組織だったが、2016年の金英哲転出の後、元軍偵察局幹部だった張吉成（チャンギルソン）が後任の局長に就任。さらに2019年には偵察総局第1副局長だった林光日（リムグァンイル）が局長に昇進している。

韓国哨戒艦撃沈や亡命高官暗殺未遂も

ところで、前述したように、偵察総局の前身組織はかつてさまざまな秘密工作を実行してきたが、2009年に偵察総局が発足してからは、それほど目立った秘密工作は多くない。知られているところでは、2010年3月の韓国軍哨戒艦「天安」の撃沈、同年に韓国で摘発された亡命高官の黄長燁（ファンジャンヨプ）・元書記の暗殺未遂（まだ初期段階だった）、2011年の金寛鎮（キムグァンジン）・韓国国防長官暗殺計画（疑惑段階）などがある。

2017年の金正男暗殺事件の当初、韓国の国家情報院は、暗殺の背景として「偵察総局は5年前から金正男暗殺指令を金正恩から受けていたのではないか」との見通しを示していた。そのため報道では偵察総局が凄まじい暗殺軍団かのようなイメージで語られた。

しかし、実際のところ、偵察総局が実施した破壊工作は、近年は非常に少ない。もちろん現在でも、とくに海外での諜報活動も任務とする偵察総局は、海外に要員を派遣していることは間違いない。旧「偵察局」の破壊工作部門であれば、軍の化学兵器部門との協力もあり、毒殺のプロットも計画可能だろう。前述した黄長燁・元書記暗殺未遂の工作員は、懐中電灯型銃や毒殺用偽装ペンを持ち込んでいた。

だが、偵察総局による暗殺は久しく実行されていない。偵察総局の仕事のメインは諜報活動であり、作業としてはほとんど現地で協力者をオルグすること（包摂（ほうせつ）という）である。偵察総局はそうした任務のため、海外に要員を常駐させているはずである。国交のある国なら外交官に偽装するのが一般的だが、それ以外にも、貿易商などに偽装する場合もあるだろう。とくに、韓国へのスパイの潜入は、今でも偵察総局が力を入れて実施していると思われる。

偵察総局第6局（技術サイバー局）と121局

それよりもスパイ工作以外に偵察総局の近年の活動として特筆すべきは、やはり前述したようにサイバー工作である。偵察総局でサイバー戦を担当するのは第6局（技術サイバー局）だが、実働部隊として専門の「121局」が運用されている。

121局の要員はおそらく数千人。その傘下でサイバー戦を担当する要員も含めると、北朝鮮のサイバー要員の総数は前述したように7000人程度とみられる。

彼らは交代で中国各地に派遣され、ハッキング任務に従事しているとみられる。そのため偵察総局第6局は、たとえば遼寧省、黒龍江省、山東省、福建省、北京隣接地域などに、貿易会社事務所などに偽装したハッキング基地を設置しているとみられる。とくに中心的な拠点は遼寧省丹東市に設置されているようだ。

古い記事だが、2011年5月8日付『中央日報』日本語版が、北朝鮮ハッカーの興味深いインタビューを掲載している。一部抜粋引用する。

「上部からの命令により中国に行き、南朝鮮のサイトをハッキングする。また、指示されたプログラムを受け取り、南朝鮮の動画ファイルに悪性コードを埋め込む作業もする」

「正直なところ、どの南朝鮮サイトもハッキングはとても簡単だ。指示さえ下されれば数百人ずつが標的のサイトを攻撃する。それであっという間にダウンする。IPアドレスのため、できるだけ我々がやったことを知られないようプロキシサーバーを利用し、第三国を迂回して入る方法を使う」

「南朝鮮の選挙の際には、数十人ずつチームを作って中国に滞在し、南朝鮮のサイトで世論を作り、デマを広める。サイトに加入するために盗用した住民登録番号を使う。われわれは住民番号100万個を持っている。南朝鮮の人の名義で開通した携帯電話もある」

「私の友人らが中国で仕事をする際にはひとりが数百人分の住民番号を管理した」

「中国に行く期間は短くて10日、長くて3〜6カ月だ。デマ攪乱チームは2〜3カ月ずつ滞在する」

「コンピューターウイルス製作のために働く人だけでも数百人はいる」

秘密警察「国家保衛省」の全貌

以上が偵察総局の前身組織がこれまで行ってきたテロの歴史と、偵察総局の全貌である。では、もうひとつの組織で金正男暗殺の犯人と目されている国家保衛省とは、どういった組織なのか。

前述したように、国家保衛省は海外では脱北者の摘発を主任務としているため、とくに中国東北部で脱北者の捕捉を実施している。また、同地において、韓国の脱北者支援団体や韓国情報機関員などと日常的に水面下の攻防戦もある。そうした中で、殺人行為もときおり行われているが、大がかりなものはそれほどない。

比較的大がかりな作戦とすれば、脱北者に偽装して韓国内に工作員を潜入させ、そこで他の脱北者を追跡する活動がある。たとえば、2008年に韓国で摘発された女工作員・元正花（ウォンジョンファ）の場合は、韓国に潜入した後、協力者獲得工作と同時に、大物亡命者である黄長燁（ファンジャンヨプ）・元書記の所在確認も命令されていた。元正花の養父も南派工作員で、その養父含めて数人のスパイ団を韓国内で作っていたが、摘発されている。

なお、元正花は脱北した後、担当した韓国情報部員と男女関係になるが、それを聞いた国家保衛省の担当指導員は、それを利用してその韓国情報部員を暗殺するように元正花に命じている（未遂行）。また、2012年に韓国で摘発された国家保衛省工作員は、脱北者団体幹部に接触するように命令されていた。ただし、いずれもそれほど大がかりな作戦ではなかった。

国家保衛省は5万人とも7万人ともいわれる正規要員（このうち平壌市テソン区の本部には8000人が勤務との未確認情報）と、数十万人の協力者がいると推定されるが、詳細は不明である。内部の機構も非公表で、詳細は不明である。

国家保衛省は形式上は省として内閣の一機関だが、実際には金正恩に直結している。国家保衛省は2016年6月、国家安全保衛部から名称が変更された。北朝鮮では党中央直結とされる「部」が内閣所属の「省」より格上のため、この名称変更を「降格」と推定する報道もあったが、当時は同年5月の党大会からの大幅な組織改編が進行中で、たとえば人民武力部も人民武力省に名称変更されるなどしており、一概に降格とは断定できない（ただし人民武力省は現在は国防省に改称）。現在も国家保衛省の権限は依然絶大なものがあり、金正恩の権力の源泉である恐怖支配を実施する最重要組織であることにはかわりない。

その国家保衛省では2017年1月、大事件が発生した。トップである金元弘（キムウォンホン）・国家保衛相が解任され、次官級含む複数の幹部が処刑されたのだ。金元弘の動静は不明だったが、2018年4月、国務委員から解任されたことが確認され、失脚は決定的となった。

この大粛清は、党の組織指導部の内偵調査によるものとみられる。建前としては、独断による拷問、越権行為、汚職などがあげられたようだが、要するに「裏の権力を行使してきた人物は、力を持ちすぎると独裁者にとっても危険なので、排除された」ということだろう。

金元弘はもともと秘密警察畑の人物だった。金正日政権の終盤に、軍内の秘密警察である「保衛司令部」司令官を務めた後、軍内の政治警察である「総政治局」の組織（人事）担当副局長に転じ、2011年末の金正日死去を受けた金正恩体制発足後、2012年4月に国家安全保衛部長に就任している。このように各種の秘密警察での任務を長く務めた人物であり、国家安全保衛部長となってからも、2013年12月の張成沢（チャンソンテク）（金正恩の叔父で政権ナンバー2だった）処刑をはじめ、金正恩政権下の多くの幹部粛正を主導してきた。北朝鮮では裏権力である秘密警察の指揮官になった人物の多くが、やがては自らも粛正されるという運命にあったが、金元弘も例外ではなかったということである。

なお、金元弘の後任の国家保衛相は鄭京擇（チョンギョンテク）である。彼はもともと金正恩の側近で、党組織指導部で党・機関の高官の監視を担当していた人物とみられる。基本的には陰の存在だったが、国家保衛相就任と同時に表舞台に出てきた人物で、党中央軍事委員会委員、党中央委員会委員、国務委員会委員、党政治局員と急ピッチで出世した。2022年には軍総政治局長に任命されている。

次々に粛清された秘密警察の指揮官たち

ここで国家保衛省の前身組織のトップたちの悲惨な末路を振り返ってみたい。国家保衛省は、もともと金日成の時代から、独裁者の権力維持のために最重要の中枢組織だった。当初は1973年に金日成直属の秘密警察として「国家政治保衛部」として発足。部長は金炳夏（キムビョンハ）で、金日成体制の恐怖支配確立を主導したが、彼は1982年に処刑された。その後、国家保衛部と改編され、部長には李鎮洙（リジンス）が就任したが、実際には金正日が直轄した。

李鎮洙は1987年に視察先で変死（ガス中毒死とみられる）するが、それ以降、金正日の直轄下で部長ポストは空席とされ、歴代の第1副部長が実務を取り仕切った。当初、その責任者となったのは金英龍・第1副部長だった。国家保衛部は1993年に国家安全保衛部に改編されるが、1998年、内部で大粛清が行われる。この時、責任者だった金英龍・第1副部長は、粛正を悟って服毒自殺している。

その後、金正日政権終盤になって、同部の実務を担当した責任者は、禹東測（ウドンチュフ）・第1副部長だった。2011年末に金正日が死去した際、霊柩車に付き従った8人の幹部が金正恩体制の当初の後見人であり、そのうち4人が軍・秘密警察幹部で、その中の一人が禹東測だった。しかし、その禹東測は早くも2012年4月に失脚した。処刑は確認されていないが、その後の消息は一切不明である。

前述した金元弘は、この禹東測失脚を受けて国家安全保衛部のトップに就任した。それも、1987年以来、空席だった同部長としての就任だった。それだけ厚遇されたといえる。なお、国家安全保衛部時代の幹部の粛正では、もう一人有力な幹部の例を紹介しておこう。2011年に処刑された柳京・副部長である。彼は2001年に日本と拉致問題・国交回復問題を秘密交渉した「ミスターX」とみられる幹部で、それだけ金正日が信頼していた人物だったが、金正日の晩年、収賄の疑いで粛正の対象になったのである。

このように、国家保衛省の歴代幹部の末路は悲惨である。それでも、そのポストに任命されれば、自らの粛正を回避するために、ひたすら金正恩に忠誠を尽くすしかない。忠誠を尽くす唯一の方法は、ひたすら懸命に不穏分子を狩り出すことだ。しかし、その仕事に邁進すれば、自ずと裏の権力が集まってくる。そうなれば独裁者の猜疑心（さいぎしん）を生み、結局は粛正の対象になる。どちらに転んでも悲惨な運命といえよう。

恐怖の粛清・支配システム

２０１７年１月の金元弘失脚は、党の組織指導部が主導した。国家保衛省は金正恩に直結する組織だが、その指導権・監督権を、金正恩は組織指導部に与えている。しかし、国家保衛省が党組織指導部の傘下にある組織かというと、そうともいえない。

北朝鮮の政治体制は、制度上の建前とは違い、実際には金正恩がトップで、それ以外はすべて独裁体制の歯車であり、それぞれの立場の強さはひとえに金正恩の考え次第である。現在の金正恩体制で、体制内の監視機構として大きな権限を与えられているのは、軍の総政治局、党の組織指導部、そして国家保衛省である。独裁政権にとって、どこかの組織が突出して権力を握ることは危険である。そのため、裏の権力を握る組織同士を互いに監視させ、ひとつの組織に権限が集中しないようにするわけだ。

総政治局は、軍を監視する。独裁体制にとって最も警戒されるのは、軍のクーデターであり、そうした芽を摘むために総政治局には絶大な権限が与えられている。国家保衛省は不穏分子を実際に摘発・粛正する実働部隊である。その権限はやはり絶大なもので、金正恩の命令があれば、軍や党のトップクラスであっても粛正することになる。そして、国家保衛省を監督する組織として、金正恩は党の組織指導部を充てている。

ただ、いずれにせよ国家保衛省は、外務省や偵察総局などと比べても圧倒的に格上であり、恐れられている存在である。こうした国家保衛省による脱北者たちに対する暗殺作戦は、おそらく今後も続くものと思われる。

第5章

問題だらけの「日本の情報機関」

『VIVANT』で注目。自衛隊秘密部隊「別班」は実在するのか？

2023年、TBSで放送したドラマ『VIVANT』では、「国際テロ組織」と「警察」と「自衛隊秘密部隊」の三つ巴（みつどもえ）の戦いが繰り広げられた。主役の堺雅人は商社マンに擬装した自衛隊秘密部隊の隊員役で、後輩隊員役の松坂桃季とともにテロ組織メンバーを処刑するなど、自衛隊員としては型破りなハードボイルドぶりを見せている。この自衛隊秘密部隊はドラマ設定上、日本を国際テロから守る非公然組織で、世界中のテロリストから恐れられるだけでなく、世界中の治安・諜報機関からも一目置かれる超絶的な実力派の〝謎の組織〟とされている。

もちろんドラマだからフィクションであり、実際にはそんな秘密部隊は自衛隊にはない（自衛隊というか、そもそも日本政府にはない）。だが、ちょっと面白いのは、ドラマで重要なキーワードとされているのが、この秘密部隊の名称だ。それが「別班」である。

実は、この別班と通称された非公然部隊は、冷戦時代の陸上自衛隊に実在したのだ。もっとも実在したといっても、重ねて書くがドラマのような破壊工作部隊ではもちろんない。あくまで国防に必要な情報を集める情報部隊である。

ただし、別班は設立当初から、その存在は公式には秘密にされてきた。自衛隊が秘密の組織を作っていたということで、かつては国会で問題視されたこともあったのだが、秘密にされたのには理由がある。別班はそもそも在日米軍の要請により、在日米軍と合同で非公式に編成され、運用されたからだ。日本側の一存で公表することはできなかったのである。

筆者はかつて軍事専門誌で、自衛隊の情報部門の歴史について解説記事を連載したことがあり、実在の別班の元隊長・隊員らを取材したことがある。もちろん『ＶＩＶＡＮＴ』に出てくる超強力破壊工作部隊「別班」とは何の関係もないが、冷戦時代に実在した別班の実像を紹介してみよう。

「日米合同の非公然情報部隊」が行っていたこと

実在の別班の起源は、警察予備隊時代に遡る。警察予備隊創設は１９５０（昭和25）年だが、日本側の情報専門家を育成するため、１９５２（昭和27）年より警察予備隊の中堅幕僚を在日米軍情報部隊に出向させ、情報収集・分析の研修をさせるようになった。

その後、１９５４（昭和29）年、日米相互防衛援助協定（ＭＳＡ協定）が締結され、正式に自衛隊が発足したが、その水面下で極東米軍司令官ジョン・ハル大将が吉田茂首相に書簡を出し、陸上自衛隊と在日米陸軍が非公式に合同で諜報活動を行うという秘密協定が結ばれた。

その秘密協定に則り、まずは陸自側の専門家を本格的に養成すべく、前述した情報研修が大幅に拡充された。米軍側の担当は、当時のキャンプ・ドレイク（キャンプ朝霞）に置かれた米陸軍第500軍事情報旅団の「FDD」と呼ばれる分遣隊で、自衛隊側の隊員もそこに詰めた（第500軍事情報旅団本部はキャンプ座間）。

この情報研修で鍛えられた要員を集め、いよいよ日米合同の非公然情報部隊が設立されたのは1961（昭和36）年のことだ。この部隊を陸自では情報部門を統括する陸幕（陸上幕僚監部）第2部（現在の陸幕指揮通信システム・情報部）の部長直轄とし、部内では特別勤務班（特勤班）と呼んだ。特別勤務というのは、陸幕ではなく米軍キャンプ朝霞に平服で勤務するからで、この特勤班を、時に別名「別班」と呼んだ。

この特勤班＝別班は事実上、米軍のFDDに自衛隊員を協力させるスキームだった。建前上はトップに米軍FDD指揮官と陸自の別班長が同格で構成する合同司令部が設置され、その下に「工作本部」および日米おのおのの「工作支援部」が置かれた。工作本部には3個工作班が設置され、各工作班には3〜4人ずつ配置された。工作員は合計で十数人程度。その他に工作支援担当者がいて、陸自側の別班全体の陣容は約20人だった。

活動内容は基本的にソ連、中国、北朝鮮など仮想敵国の情報収集だ。商社員や記者など海外を往来する人から話を聞いたり、そういった人に依頼して外国で情報を集めてきてもらったりした。その内容は米軍と陸幕2部の両方に報告された。他にも、時に朝鮮総連や在日中国人実業家などの人脈に接触して情報をとるなど、公安警察や公安調査庁のような活動も行った。

もっとも、別班の活動予算は多い時でも月額100万円程度。協力者への報償費も数千円から、多くて2万円程度だった。サラリーマンの平均月収が5~7万円の時代だから、現在の貨幣価値なら7倍以上にはなるだろうが、それでも公安警察などとは比ぶべくもない小規模なレベルである。後に一部メディアで「多額の資金を使って活動する得体の知れない謀略機関」とのイメージで報じられたこともあるが、それはかなり誇張されたものだったといえる。

別班は前述したように発足当初は陸幕2部長が直轄していたが、その後、2部内に連絡幕僚が置かれ、さらにその後は陸幕2部内の情報1班長が統括するようになった。つまり陸幕第2部情報1班特別勤務班というかたちである。後に一部メディアに「陸幕長も防衛庁長官も存在を知らない秘密機関」と報じられたこともあるが、当時を知る元隊長は「米軍との共同機関なので非公然ではあったが、上層部が存在を知らないということはないはずだ」と筆者に証言している。

金大中事件と「別班」の関わり

いずれにせよ、実際の別班は『VIVANT』に出てくるようなテロリスト狩りを行う武闘派では全然なく、人に会ってネタを集める情報屋のグループだった。しかも、陣容はわずか20人程度。活動費も微々たるものだった。

ところが、1973(昭和48)年に大事件が起こる。その年、別班は拠点としていた米軍のキャンプ朝霞が日本側に返還されたのにともない、米陸軍第500軍事情報旅団の本部があるキャンプ座間に移転したのだが、そのほぼ同じ時期に「金大中(キムデジュン)事件」が発生したのだ。韓国の有力な野党指導者・金大中が、東京都内のホテルで韓国の情報機関「韓国中央情報部」(KCIA)に拉致されて秘密裏に韓国に移送されたという衝撃的な事件だったが、事件後まもなく、元別班員が経営する信用調査会社がこの事件に関わっていたことが判明した。

この元別班員は坪山晃三という人物で、当時、飯田橋で調査会社「ミリオン資料サービス」を経営していた。坪山氏は在日韓国大使館員のKCIA要員から「接触して活動自粛の説得をしたいから」との理由で依頼され、日本国内での金大中の所在確認を行ったのだ。実は筆者が取材した元別班員の一人が坪山氏で、筆者はこの件について直接話を聞いている。それによると坪山氏は当時、古巣の別班とは緊密に連絡を取り合っており、報告は上げていたとのことだが、金大中の所在確認自体は会社の業務として請けたものであり、別班が直接事件に関わっていたわけではないとのことである。

しかし、いずれにせよ元別班員が関与していたことから、当時、日本共産党機関紙『赤旗』が別班について「恐ろしい謀略機関」と大々的に報じた。坪山氏のミリオン資料サービスについても別班のダミーではないかと騒がれたが、前述したように別班にはもともとそれほどの予算はない。

同社はその後、東京駅近くに移転したが、現在も実績ある老舗の調査会社として営業を続けており、創業者の坪山氏（故人）は生前、東京都調査業協会副会長まで務めたことがある。実体のないダミー会社などではないことは、こうしたことからも裏づけられる。

ただ、別班のほうは、米軍の要請ということで非公然組織として運用されていたものの、やはり非公然が公に暴露されるのはまずい。そのため事件後まもなく、大幅に陣容を縮小したうえ、キャンプ座間から防衛庁（当時）の六本木庁舎に併設されていた陸幕本部に移転した。もともと非公然だから、その後の組織編制は非公開だが、大きく報道されたため、いわゆる「別班」というかたちではもう存在していない。

もっとも、別班の主な業務である米陸軍情報部隊との連絡業務は、現在に至るも陸幕指揮通信システム・情報部情報課の重要な業務であり、その担当者たちがいる。いわばその担当者たちが、別班の後裔（こうえい）にあたるといえるだろう。

他方、米陸軍の情報部隊はその後、キャンプ座間の第５００軍事情報旅団がハワイに移転し、現在は同じキャンプ座間に同旅団の隷下である第３１１軍事情報大隊がある。第３１１軍事情報大隊はより都心に近い米軍の赤坂プレスセンター（六本木）と横浜ノースドックに出先機関を置いている。

第３１１軍事情報大隊の情報員は現在も、公安警察や公安調査庁など日本政府の公安関係者と接触して情報活動を行っているが、陸自側のカウンターパートが陸幕指揮通信システム・情報部情報課のその担当者たちになる。彼らは主に赤坂プレスセンターで現在も接触を日常的に続けているとみられるが、もはや共同の情報活動のような密接度はない。

ただ、自衛隊情報部門のＯＢが米軍赤坂プレスセンターやキャンプ座間の第３１１軍事情報大隊関連部署に再就職する例は散見され、それなりの連携は保たれているようだ。

ドラマの「別班」はあくまでフィクション

別班について近年話題になったのは、2013年に共同通信が「陸自、独断で海外情報活動　文民統制を逸脱」との記事を配信したためだ。

同記事によれば、陸幕が別班要員を民間人に身分擬装させてロシア、中国、韓国、東欧などに派遣し、秘密裏に情報活動をさせていたというのだ。

この報道を受けて、当時は新党大地の所属だった鈴木貴子・衆院議員（鈴木宗男議員の長女。後に自民党に移籍して外務副大臣も務めた）が国会に質問主意書を提出するなどしている。

もっとも、筆者の別班関係者への取材では、別班が身分擬装した要員を海外に派遣したといった事実は確認されていない。別班員の多くは陸自の調査学校（現在は情報学校）で密度の濃い語学研修を受けており、退官後に海外で事業に携わった人物はいる。そうしたOBの中に、外国で自主的に情報収集活動し、古巣の別班に情報提供していた人はいたようだ。そうした人の思い出話がいわば武勇伝として話を盛られて周囲に伝えられていた例なら、筆者も聞いたことはある。

そもそも陸幕がハイリスクなそんな超法規的な活動をするとは考えられないし、陸幕の予算的にも不可能な話だと思う。一部で個人的なアルバイト的に情報収集活動をしたOBはいたかもしれないが、陸幕が組織的に国外で情報活動の偽装工作をするということは、現実的には無理だろう。

また一部報道では、別班が現在は情報本部に移転されたとの説もあるが、それも正確ではない。情報本部創設時に、陸幕調査部からも情報要員が配属されたため、そうした説が出てきたものと推測されるが、両者は組織としては別物だ。情報本部の分析部には、外国事情に詳しい人物と会って情報を集める業務も含まれるが、彼らは「別班」ではない。同じように現在もこの情報本部分析部や陸幕指揮通信システム・情報部情報課だけでなく、陸上総隊中央情報部、方面情報隊などの情報収集・分析部隊でも同様の業務を行っている。

ただ、いずれも日本国内で、あくまで「人に会って話を聞いたり、ちょっとした調べものを依頼したりする程度」である。本格的なスパイ工作とはほど遠いのだ。

いずれにせよ、以上のように陸上自衛隊「別班」は過去に実在した秘密部隊だが、その実像はそれほど大きなものではなく、しかも現在はもはや存在していない。『VIVANT』の堺雅人と松坂桃李は、あくまでフィクション上の存在なのである。

日本にも必要な「情報機関」

ドラマのような情報機関は日本には存在しないが、はたしてそれでいいのかという問題は別だ。世界が分断し、安全保障が厳しい局面になりつつある現在、日本がこれまでのように情報面での戦いで脆弱なままで問題がないというわけではあるまい。しかし、日本で本格的な情報機関が必要だとの議論は、あまり聞こえてこない。

そんな中、2021年4月、首相を退いた安倍晋三議員がYouTube番組に出演した際、日本にも情報機関が必要だと提案したことがあった。

「情報組織をしっかりと作る必要はあると思いますよ。情報を取りに行くということがあって、初めて防諜もできるじゃないですか」

「やはり『貸し借り』だ。（情報は）大変な価値のあるものだから、こちらが出せるものがないと、相手も出さない」

この「安倍前首相が情報機関創設を主張」というニュースは、報道各社も報じた。ではまず、なぜ日本には本格的な情報機関がないのか、その経緯を紐解くとともに、今後必要なことについて論じてみたい。

たいていの国は、政府に対外情報の収集・分析をする専門の機関がある。米国のCIA、ロシアのSVR（対外情報庁）、中国の国家安全部、イギリスのSIS（秘密情報部／通称MI6）、フランスのDGSE（対外治安総局）、ドイツのBND（連邦情報局）、インドのRAW（調査分析局）、イスラエルのモサド、韓国の国家情報院などだ。主要国で情報機関を持たないのは日本だけだ。日本でこうした諸外国の情報機関に近い存在なのが、内閣官房の内閣情報調査室だが、同室で対外情報を扱う国際部門は総勢でもわずか数十人規模にすぎず、とても対外情報機関と呼べる実力はない。

他方、政府機関以外の情報機関ということでは、主要国の軍にも、対外情報を収集・分析する専門機関がある。米国のDIA（国防情報局）、ロシアのGRU（軍参謀本部情報総局：2010年に名称がGU／軍参謀本部総局に変更されたが、現在も一般的には旧称で呼ばれている）、中国の人民解放軍連合参謀部情報局（2015年までは軍総参謀部第2部）、イギリスのDI（国防情報局：2009年に国防情報参謀部／DISから改編）、フランスのDRM（軍事情報部）、ドイツのMAD（軍事防諜局）、インドのDIA（国防情報局）、イスラエルのアマンなどだ。

その点、日本の防衛省・自衛隊にも防衛政策局調査課、情報本部、陸上幕僚監部指揮通信システム・情報部情報課、海上幕僚監部指揮通信情報部情報課、航空幕僚監部運用支援・情報部情報課、陸上総隊中央情報隊などの情報セクションがあるが、諸外国の軍事情報機関のような海外での諜報活動などは行っていない。軍に所属する専門の情報機関という意味では、諸外国のような機関はない。

また、冷戦下では通信傍受、現在ではサイバー戦の分野を担当する情報機関も、主要国では米国のNSA（国家安全保障局）を筆頭に、ロシアの連邦警護庁（FSO）特別通信情報局（通称スペッツヴャズ）やGRU第6局、FSBの第16総局（電子通信監視センター）／第18総局（サイバーセキュリティ・センター）／TsIB（情報セキュリティ・センター）などの諸機関、中国の人民解放軍戦略支援部隊ネットワークシステム部、イギリスのGCHQ（政府通信本部）などの諸機関が整備されているのに対し、日本では内閣官房、防衛省／自衛隊、警察庁、通信産業省その他の省庁がようやく整備を始めた段階で、まだ世界の諸機関に伍する規模の組織は形成されていない。

ただ、防衛省の情報本部電波部の通信傍受活動だけは、冷戦時代から対ソ連、対北朝鮮、対中国で長年の積み重ねがあり、かなりの実力がある。この防衛省情報本部の電波情報は、他の中堅クラスの国のインテリジェンスに引けをとらないと言っていいだろう。

さらに付け加えると、対外情報収集・分析とは別の「防諜」という分野では、日本はしっかりした政府内の仕組みがある。警察庁警備局外事情報部を司令塔とする外事警察だ。とくに警視庁公安部外事各課が中心となり、国内で防諜および国際テロ対策を行っている。

諸外国にも米国のＦＢＩ（連邦捜査局）、ロシアのＦＳＢ（連邦保安庁）、中国の公安部、イギリスのＳＳ（保安局：通称ＭＩ５）、フランスのＤＧＳＩ（国内治安総局）、ドイツのＢｆＶ（連邦憲法擁護庁）、インドのＩＢ（情報局）、イスラエルのシンベトなど、それぞれの国ごとにさまざまな防諜・テロ対策機関があるが、日本の外事警察の場合は、一般の警察機構の内部に防諜・テロ対策の部署が組み込まれているという点で、米国や中国の仕組みに近い。

なお、日本には警察以外にも、防諜やテロ対策に資する情報収集・分析を担当する組織として、法務省外局の公安調査庁もある。同庁は対外情報に限らず、国内の治安情報も担当するが、強制捜査権はなく、あくまで調査のみを行っている。

いずれにせよ、このように日本には専門の対外情報機関がない。しかし、国家の安全保障のためには、情報は不可欠だ。仮想敵国の動向、あるいはテロ組織などの情報を探り、その脅威に備える必要がある。

軍備と情報は安全保障の両輪のようなもので、どちらも不可欠だが、日本には自衛隊の軍事力はあるものの、対外情報機関がない。これは国家の安全保障の仕組みとしては、著しく不完全な状態である。

日本政府「情報コミュニティ」の全貌

もっとも、独自の組織こそないものの、前述したように、日本にも安全保障分野に関わる対外情報収集・分析を行っている省庁は存在する。以下にまとめてみる。

▽情報コミュニティ

日本政府は、内閣官房を中心に安全保障に関する情報収集・分析を集約する制度として、米国の制度を参考に「情報コミュニティ」という考えを取り入れている。内閣官房の公式ホームページには、こうある。

「内閣情報調査室を含む情報コミュニティ各省庁は、内閣の下に相互に緊密な連携を保ちつつ、情報収集・分析活動に当たっています」

もともと日本の情報コミュニティは、内閣情報調査室を中心に、警察庁警備局、外務省国際情報統括官組織、防衛省防衛政策局、公安調査庁で構成していた。しかし、現在はその範囲が拡大され、財務省、金融庁（内閣府外局）、経済産業省、海上保安庁（国土交通省外局）もメンバーに加えられている。

これらの各省庁内の情報部門では、独自に情報を収集・分析しており、それぞれの省庁内ルートでその情報を上にあげている。それらのうち重要情報は、時に首相官邸や国家安全保障局に報告される。

▽内閣情報官

日本の情報コミュニティの実質的な統括者は内閣情報官である。警備公安畑の最高幹部クラスの警察官僚が就く。

内閣情報官は内閣情報調査室のトップで、情報コミュニティで集約した情報を直接、首相に報告する。日本の情報機関のトップという名目上の立場により、米国CIAの東京支局長（たいてい表向きは米国大使館の参事官ポスト）の公式のカウンターパートであり、CIAが日本政府に伝えるべきと判断した情報は内閣情報官に伝えられる。実際のところ、内閣情報官にとっては、このCIAから情報が入手できるという立場が、きわめて有利なポジションとなっている。また、それ以外の友好国情報機関の駐日代表者のカウンターパートでもある。

さらに、内閣情報官は内閣情報調査室のカウンターインテリジェンス・センターのセンター長および、内閣官房国際テロ情報集約室の室長代理も担う。この後者の室長は内閣官房副長官だが、実際には室長代理が統括している。

▽内閣情報調査室

内閣官房に設置された情報収集・分析組織。ただし、陣容は本部に出向者含めて約200人と小さく（それ以外に二百数十人の陣容の内閣情報集約センターも所管）、そのうち対外情報を扱う「国際部門」は、前述したように数十人（筆者の推定では40～50人程度）しかいない。国際部門の統括者は「主幹」で、これも警察官僚ポストである。

また、国際部以外に対外情報に関わる部署としては、内閣情報集約センター（約20人）、カウンターインテリジェンス・センターなどがある。

もともと「霞が関」は縦割り社会で、各省庁のインテリジェンスは各省庁内ルートで上にあげられるのが常だった。そのため戦後長らく、内調（内閣情報調査室）の国際部門はさほど情報力がなかった。その時代の内調の「売り」は、前述したようにＣＩＡから情報が入ることと、あとは前述した防衛省情報本部（かつては陸幕調査部別室）で近隣仮想敵国の軍事電波を傍受・解析していた「電波部」の部長ポストを警察庁官僚が押さえていたため、その情報が内調に報告されていたことぐらいだった。

しかし、現在は日本政府の情報コミュニティにおける情報集約の重要性が認識され、その中核組織として内調の存在感が増している。たとえば、現在の内閣官房の公式ホームページには、こうある。

「内閣のインテリジェンス体制を第一に支えているのは、官邸直属の情報機関として、内閣の重要政策に関する情報の収集・集約・分析を行う内閣官房内閣情報調査室です」

また、内閣官房組織令に基づく内閣情報調査室組織規則の国際部門の項には、担当する業務として以下の文言がある。

「対外政策に関連して各行政機関が行う情報の収集及び分析その他の調査であって、内閣の重要政策に係るものの連絡調整に関すること」

内閣情報調査室はこのように、日本の情報コミュニティの中核組織だが、前述したように組織規模が小さく、諸外国の政府直属情報機関のような実力はない。

▽内閣情報分析官

現在、日本政府はかつての縦割りの弊害を補うため、情報コミュニティにおいて「オール・ソース・アナリシス」つまりすべての情報を集約して分析することを推進している。その担当者が内閣情報調査室に所属する内閣情報分析官だ。内閣情報分析官には各地域情勢の専門家が任じられており、補佐として、内調に内閣情報分析官補が配置される。内閣情報分析官は、各省庁が集めたインテリジェンスを融合的に分析し、情報評価書の原案を作成する。情報評価書は合同情報会議で審議され、最終的に首相官邸に報告される。

▽内閣情報会議

日本政府の情報部門の最高機関が内閣情報会議である。議長は内閣官房長官が務め、メンバーは政務および事務の内閣官房副長官、内閣危機管理監、内閣情報官、警察庁長官、外務事務次官、防衛事務次官、公安調査庁長官、海上保安庁長官、財務事務次官、金融庁長官、経済産業事務次官、国家安全保障局長が務める。ただし、年2回開催の形式的なものである。

▽合同情報会議

内閣情報会議が形式的なものであるのに対し、実質的な情報コミュニティの定例会合が、隔週で開催される合同情報会議である。議長は事務担当の内閣官房副長官で、固定メンバーは内閣危機管理監、国家安全保障局長、内閣官房副長官補（事態対処・危機管理担当）、内閣情報官、内閣官房国際テロ情報集約室情報収集統括官、警察庁警備局長、外務省国際情報統括官、防衛省防衛政策局長、公安調査庁次長である。案件によっては、他の情報コミュニティのメンバーである財務省、金融庁、経済産業省、海上保安庁などの他省庁からも参加する。形式上はこのように内閣官房副長官が統括するが、実際には事務全般を内閣情報調査室が運営しており、内閣情報官が情報の集約で主要な役割を負っている。

同会議では前述した内閣情報分析官が原案を作成した情報評価書が承認され、それが官邸に報告される。内閣官房のホームページでは「内閣情報会議や合同情報会議では、情報コミュニティ各省庁が収集・分析した情報を集約し、内閣の立場から、総合的な評価、分析を行っています」と書かれているが、前述したように上部機構である内閣情報会議は形式的なものなので、実際にはこの合同情報会議が実質的な日本の情報コミュニティの最高調整機関の役割を担っている。ちなみに、この会議の固定メンバーのうち、内閣危機管理監は国家安全保障分野の案件を除いた危機管理の案件を統括するポストで、警察官僚出身者が任じられる。

また、国家安全保障局長は安全保障分野の戦略を立てる国家安全保障会議の事務局である国家安全保障局を統括するポストで、きわめて権限が強い。国家安全保障局の組織内部の省庁人脈の競争を反映し、これまで外務事務次官経験者と警察官僚の内閣情報官経験者が任じられている。ちなみに、局次長は外務官僚出身の外政担当内閣官房副長官補と、防衛官僚出身の事態対処・危機管理担当内閣官房副長官補が兼任している。

なお、この国家安全保障局は日本政府の情報部門ではなく、あくまで政策部門である。情報コミュニティから報告されるインテリジェンスから、対外戦略を練り、政策の選択肢を作成する。建前上はそれを国家安全保障会議に提出するということだが、実際には首相官邸に対外政策の選択肢を提示し、助言している。

ところで、こうした霞が関でのポストのランク付けを公務員棒給からみると、トップが内閣官房副長官で、次が同格で内閣危機管理監と国家安全保障局長、その次が同格で内閣官房副長官補と内閣情報官となっている。

情報機関があるとできること

実は、こうした政府の情報部門の連携は、2008年以降にかなり改善された。それまでは各省庁がバラバラに活動していたのだが、すべての情報を一括して分析・評価しようということで仕組みが強化されたのだ。したがって、今では日本独自の情報収集・分析も、以前よりは改善されている。それでも、やはり独立した情報機関がないことで、弱い部分は残る。

そのひとつは、効果的な情報戦略だ。情報はただやみくもに集めるのではなく、政府サイドから、政策を立案・決定するためにどんな情報が欲しいかというリクエストを情報部門に要求することが重要だ。それに基づき、どういった情報収集が可能かを考え、情報収集活動を実行するのが効率的となる。そのためには情報要求を一括的に受ける独自の情報機関があると有効だ。現在、内閣官房では、情報要求は内閣情報会議や合同情報会議を通じて各情報コミュニティに伝えられていることになっているが、それだと効率が非常に悪い。

それと、総合的な情報分析の問題がある。政府の情報活動というと、スパイ活動のような情報収集が注目されがちだが、実際には情報は分析が重要だ。内閣情報調査室や公安調査庁などでも情報分析は行われているが、より総合的に各情報を融合して分析するには、専用の情報機関が役に立つ。

それに、現在のように各省庁が独自に情報を扱うとなると、政策的観点がどうしても優先される。たとえば仮に各省庁の情報部門があくまでフラットに情報を分析・評価しても、それが政府中枢に報告される際に省庁の省益考慮や政策的バイアスが加わる可能性がきわめて高い。これは「情報の政治化」と呼ばれる現象だが、本来、情報は政策的バイアスを入れずに純粋に情報として分析し、評価すべきものだ。そのためにも情報だけを扱う情報機関は有効だろう。

さらに、友好国との情報交換の問題がある。海外の脅威情報の収集では、各国は個別の情報収集活動だけをしているのではない。互いに役立つ情報を、友好国の情報機関同士が〝教え合う〟ということが日常的に行われている。

前述したような日本の各省庁の情報部門でも、たとえば防衛省・自衛隊の情報部門は米国の国防総省・軍の情報部門と協力関係があり、警察庁は米FBIとの協力関係がある。しかし、情報機関は情報機関同士が接触し、情報交換を行うのが通例だ。その情報のやりとりは原則的にはギブ&テイクで、価値ある情報を互いに貸し借りするのが基本だ。日本政府内で諸外国の対外情報機関のカウンターパートになっているのは、前述したように内閣情報調査室だが、規模が小さすぎる。こうした諸外国情報機関との接触を考えた場合、やはり対外情報専門の機関があるとスムーズにいく。

また、情報機関があると、世界各地での情報収集活動でも利点がある。現地に派遣した要員が、友好国の情報機関員と接触するなどの機会が生まれるからだ。そうして人脈を広げ、経験値を上げた要員が増えれば、情報機関そのものの実力も上がる。情報の世界は個人の能力も重要である。

実は日本も、外務省だけでなく防衛省、警察庁、公安調査庁、内閣情報調査室などの職員を在外公館に派遣したり、長期出張させたりはしている。しかし、公式の派遣で現地当局とのオフィシャルな接触が多い。その接触先も外交当局や司法当局が多く、情報機関の領域まではなかなか入っていけない。

これは日本に情報機関という器を作るだけで解決する問題ではないが、情報機関員というキャリアパスで、情報分野に特化した経験値を積ませて人材を育てていくことはきわめて有効なことだ。

戦後日本で情報機関が作られなかった理由

いずれにせよ対外情報を専門に扱う情報機関があったほうが、国家の安全保障のためには利点が多い。軍事分野に比べれば、経費も少なくて済む。これは、情報機関があるのとないのとではどちらにメリットがあるかといったレベルの問題ではなく、ないのは国家の安全保障の制度としては欠陥だといえる話だ。しかし、日本にはない。それには歴史的な経緯がある。

戦後の日本で最初に政府直属の情報〝部門〟が作られたのは、1952(昭和27)年のこと。第3次吉田茂内閣で発足した「総理大臣官房調査室」だ。しかし、それを発展して内閣官房直属に独立した情報機関を作ろうとした人物がいた。緒方竹虎・自由党総裁である。

緒方はもともと朝日新聞の幹部記者で、戦前に主筆を長く務めたが、退職後、大戦中に国務大臣兼情報局総裁に就任。終戦後は公職追放を経て政治家になり、吉田茂政権で内閣官房長官、副総理を歴任した。

緒方は前述した官房調査室設立にも関わっていたが、吉田政権で要職を得たことで、日本版ＣＩＡ設立構想をいっきに進めようとしたが、国民世論の反発が大きく、頓挫する。緒方は吉田退陣後の自由党総裁になり、保守合同後に総理就任の予定だったが、直前に病死した。もしも緒方が政権に就いていたら、日本版ＣＩＡが誕生していた可能性もある。

いずれにせよ緒方が生前に進めようとしていた日本版ＣＩＡ構想が実現しなかったのは、国会（野党）とメディア、つまり世論の大きな反発があったからである。当時はまだ戦前・戦中の記憶が新しく、政府内に強力な「裏の組織」を作ることに反対論が大きかったのだ。また、旧内務官僚中心の構想には、外務省の反発もあった。

その後、１９５７（昭和32）年に岸信介政権が「内閣調査室」を設立するが、規模はきわめて小さいものに留まり、独立した情報機関と呼べるものではなかった。冷戦時代、左翼系野党やメディアの力は強く、情報機関設立の機運は高まらなかった。

その代わりに日本では、防諜を担当する警察庁が情報部門を主導した。内閣調査室長は警察官僚ポストであり、同室の国際部門主幹も警察官僚が押さえた。前述したように防衛省（当時は防衛庁）の通信傍受機関である陸幕調査部別室（現在の情報本部）の電波部長も警察官僚が押さえた。警察庁では警備局から外事部門の要員を警備官や書記官として在外公館に派遣するとともに、日本赤軍などの国際テロリストを追う要員を、警備局調査官室から長期出張の形式で国外に派遣したりもした。

他方、外務省と防衛庁（当時）は、人的インテリジェンス（ヒューミント）のような活動はほとんど行ってこなかった。また、日本政府の情報部門としては、法務府特別審査局（特審局）を改組した公安調査庁があり、旧軍の憲兵隊や特務機関のOB、あるいは内務省の特高警察のOBなども参加したが、日本政府内ではあくまで旧内務官僚主導の警察庁の権限が強く、公安庁は傍流扱いされた。

このように、戦後日本のインテリジェンスは警察主導で、あくまで防諜がメインだったが、冷戦が終盤に入ると、それまでの左翼陣営の力が国内でも弱まってきたこともあり、政府の情報機能の強化がときおり行われるようになった。なかでも大きな動きは、中曽根康弘政権の時だ。１９８６（昭和61）年、各省庁の情報部門の定例会である前出の合同情報会議が作られた。内閣調査室も現在の内閣情報調査室に改編されている。

ただし、中曽根政権が終わると、情報機構改革の動きもほとんど止まる。次に動きがあったのは、その10年後の1996年から1998年の橋本龍太郎政権時で、内閣情報調査室に内閣情報集約センターが設置されたり、合同会議の上部機構として次官級の内閣情報会議の設置が決まったりと、情報活動の強化が図られた。これらはいずれも、中曽根首相と橋本首相が自ら、政府の情報活動の重要性を認識していたから実現したことだ。

その後、情報活動の強化に取り組んだのが、2006年に発足した第1次安倍晋三政権である。こうしてみると、日本政府の情報部門の改革は、まさに10年ごとに動くということが繰り返されてきたことがわかる。それは逆に言えば、たまたま情報を重視する政治家が首相ポストに就任し、改革を進めても、その後の10年は進まないということでもある。

第1次安倍政権では、官邸に情報機能強化検討会議やカウンターインテリジェンス推進会議が設置され、前者の中間報告では「対外情報機関の設立」が盛り込まれた。

安倍首相の辞任を受けて発足した福田康夫政権は情報機関設立路線を取り下げたが、それでも2008年に内調に内閣情報分析官を新設したり、カウンターインテリジェンス・センターを設置したりした。福田政権時にこの安倍路線を引き継いだのは、同政権の町村信孝官房長官である。町村も、情報の重要性を指摘してきた数少ない有力政治家だった。

その後、2012年に発足して長期政権となった第2次安倍政権は、政治的に難しい情報機関創設には手を付けなかったが、情報活動の強化を進めた。2013年には機密情報を保全するための特定秘密保護法を成立させ、翌年、施行した。

2015年には内閣情報官の統括下に内閣官房国際テロ情報集約室、外務省に国際テロ情報収集ユニットを創設し、2018年には国際テロ情報集約室に国際テロ対策等情報共有センターを創設した。

このように安倍政権では、いろいろと面倒な手順が必要な独立組織の新設は後回しにし、それより既存の制度の積み増しで実質的な情報機能強化を実現した。前述した安倍元首相の「情報機関を作るべき」発言は、こうした経緯のうえでの発言だった。

最も情報機関に近い「国際テロ情報収集ユニット」

2015年12月に同時に創設された外務省の国際テロ情報収集ユニットと、内閣官房の国際テロ情報集約室は、まさに日本の情報機関の萌芽のような組織でもある。その意味では日本政府の情報機構改革では画期的なことでもあった。これも振り返れば、前回の第1次安倍政権での情報機構強化改革のスタートから10年弱後のことだ。

内閣官房の国際テロ情報集約室は、官邸幹部や各省庁、諸外国との調整などを統括するが、実際には、情報の集約と分析は外務省総合外交政策局の国際テロ情報収集ユニットが行う。

ところが、実は同ユニットのスタッフは内閣官房テロ情報集約室員の身分も兼務しており、実際には首相官邸が直轄している。前述したように、内閣官房テロ情報集約室員の建前上の室長は内閣官房副長官だが、実質的には室長代理である内閣情報官が統括している。つまり、内閣官房の内閣情報調査室が中心になって、組織上は外務省に置かれた新規の情報セクションを動かしているのだ。

この国際テロ情報収集ユニットは、2014年にシリアで日本人2名が拉致された事件を契機に、イスラム系テロの脅威が日本国内でも注目されたことがきっかけで、2016年の伊勢志摩サミットや2020年予定だった東京五輪への警戒が至上命題とされたなかで創設された。それまでの日本政府には、米国CIAなどのような長年のパートナーの場合は、前述したように内閣情報官とのルートもあるが、テロ情報は米国からのものだけでは不充分だ。とくにテロ容疑者が活動している中東や南アジアなどの国々の情報機関と関係を作れば、米国経由以外の情報も入手できる。その価値は非常に大きい。

同ユニットは「中東班」「南アジア班」「東南アジア班」「北・西アフリカ班」の4つの班で発足し、

後に「欧州班」が追加された。それぞれ在外の日本大使館にスタッフを常駐させ、出先国の情報機関との接触を日常的に図るとともに、日本の本部でも国際テロの情報を総括的に分析している。

ただ、日本の「霞が関」の面倒なところは、政府内に新たな組織を編成する時に、しばしば省庁間で主導権争いになることだ。この国際テロ情報収集ユニットは約90名の陣容で発足したが、メンバーをみると、外務省と警察庁がそれぞれ約4割を出し、残りを内閣情報調査室プロパー、防衛省、公安調査庁、海上保安庁、出入国在留管理庁が出している。また、同ユニットから在外公館に派遣される要員も、警察庁と外務省でほぼ同数を割り振り、残りを他省庁出向者で分けるように調整されているようだ。このように、明らかに外務省と警察庁の主導権争いの構造になっているのである。

結局、同ユニットは外務省総合外交政策局に置くが、ユニット長は警察官僚ポストとなった。そして、実際には内閣情報官の統括で、内閣官房が指揮する。つまり警察庁と外務省のバランスが配慮された組織になったのだ。今後、もしも新たな情報機関設置の議論が進んだとしても、この省庁間の主導権をめぐる問題はついて回るだろう。

日本の情報機構強化に私案

なぜ日本では情報機関を作ることできないのか、を考えてみたい。

ひとつには、前述したように、各省庁の主導権をめぐる問題がある。冷戦時代から政府の対外情報活動をめぐっては、外務省、警察庁、防衛省（防衛庁）、公安調査庁の確執があった。新たな活動を始める時、新たな組織や部門を作る時、どこが主導権を握るかで互いに牽制し合うのだ。

そうした省庁間バランスの問題は国際テロ情報収集ユニットの件でもみられたように、現在も残っている。政府に新たな組織を作るとなれば、もちろん大きな予算編成も必要で、そこは財務省を中心に抵抗もあるだろう。

筆者は日本政府の安全保障やインテリジェンス部門の関係者とこうした議論をしたことが何度かあるが、情報機構の強化にはほぼ誰もが賛成するが、それをどうやるかでは各人の考えはかなり違うという印象を持っている。

実際には、そうした省庁間の垣根を取り払う強い政治的リーダーシップが必要になるが、それもあまり期待できない。そのため、専門の情報機関の創設は日本では「どうせ無理だろう」

と考えている人は、筆者の知るかぎりでも、多い。

政治家サイドでも、熱心な議員は少ない。これまでみてきたように、情報機構の改革は、中曽根康弘、橋本龍太郎、町村信孝、安倍晋三といった、情報の重要性を認識してきた政治家が要職に就いて初めて前進してきた。

しかし、そうした政策は議員個人にとってみれば、地元での得票に結び付くわけでもなく、旨味がほとんどない。それどころか、霞が関の官僚の反感を買う可能性もあるし、さらに地元で旧来の反権力サイドからの批判が高まることも考えられる。政治的にリスクが高いのだ。

ただ、情報機関の新設は難しくても、とくに中国の脅威が高まっているなかで、情報機構の強化をさらに進めることの必要性は広く認識されている。メディアや国民世論の一部には、国家権力の強化に反対する声もあるが、かつてほどではなくなっている。

秘密の活動を行う以上、すべての情報を公開することはできず、100%の透明性担保は不可能だが、その懸念を減らすチェック機能を整備することを前提に、情報活動の強化は必要だ。単に政府に反対ということになれば、安全保障が犠牲にされることになりかねない。

もちろん日本は中国や北朝鮮やロシアのような国ではないので、情報保全にしろ、政府の情報活動にしろ、政権の権力維持の道具に使うのは許されない。したがって、政府の秘密活動にも、暴走させないように監視する仕組みは欠かせない。米国では、上下両院の情報特別委員会などがその役割を担っており、機密情報については非公開での審議も行われる。日本でも当然、そうした監察制度をしっかりと構築すべきだろう。

たとえば国会にチェック機能を持たせるとか、司法による監察の仕組みを導入するとか、現場の暴走を防止するために政府内での監督を厳格化するとか、すぐには難しいかもしれないが、さまざまな案を持ち寄って議論することは有意義だろう。また、これは筆者の思い付きレベルの私案だが、後々の責任追及が可能なように秘密活動の立案・許可の経緯と担当の責任者名を記録に残すことを義務付けるのはどうだろうか。筆者のこれまでの取材経験では、国家機関の権力乱用を牽制するのに、個人の責任を明確にするのはきわめて有効だと思う。

いずれにせよ、今般の東アジア情勢を鑑(かんが)みるに、日本の情報力強化は急務だろう。霞が関の組織文化からすれば、既存のシステムの積み増しがたしかに現実的かもしれないが、日本だけが専門の情報機関を持たないというのは、やはり制度的な欠点であり、弱点である。

もちろん賛否両論あってしかるべきだが、日本の情報機構の強化について、さらなる議論を望みたい。なお、内閣情報調査室を大幅に拡充して新たに日本版ＣＩＡができたらそれに越したことはないが、前述したように日本の官僚制度では急な実現は難しいので、黒井案として以下の2つを提起したい。

①内閣官房直属で形式的には外務省総合外交政策局の下という建付で創設された国際テロ情報収集ユニットを、現在の100名弱から倍増し、権限強化し、実質的な対外情報収集組織とする。

②法務省外局の公安調査庁から国内公安情報部門を撤廃し、対外情報分析専門の組織とする。

以上は単なる私案だが、ウクライナや中東で起きていることは対岸の火事ではない。さまざまなレベルでの議論を切に希望する。

喫緊の課題は「サイバー戦」強化

日本が情報戦で世界と戦うにはまだまだ問題山積だが、喫緊の課題はサイバー戦である。世界ではすでにサイバー戦は実戦になっていて、とくに日本にとっては中国のセイバー戦能力が脅威だが、それに対抗するサイバー戦能力が日本は大きく遅れている。

たとえば米情報機関が2020年に日本の防衛部門のサイバー防御を調査したところ、中国に侵入されたことが判明している。米国はそれを日本側に通告して対処を求めたが、3年後に再度調査したところまだ侵入されていたことがわかり、再度日本政府に対処を通告したことを、わざわざ米有力メディアを使ってリーク記事を書かせたりしている。日本側の危機意識の欠如を問題視したということだったのだろう。

現在、たとえば中国の軍拡に対応して強い抑止力をキープするため、米国を中心に、日本、韓国、台湾、オーストラリア、カナダ、東南アジア諸国、NATO主要国などの軍隊が協力する方向に進んでいる。合理的な戦略だが、そこで日本は唯一の同盟軍である米軍との連携がきわめて重要だ。できればオーストラリア軍やカナダ軍なども連携を深めれば、抑止力はさらに上がる。

そこで、必要となるのは、情報の共有である。軍事的な作戦で連携するには、ある程度の情報共有が不可欠だからだ。しかし、日本の防衛情報ネットワークの一部が中国に侵入されている可能性があれば、情報共有に著しく困難を生じる。日本では、クローズドな回線なら侵入されないと楽観視する声もあるが、クローズドな回線でも一部に物理的に侵入されることはあり得るし、オープンな回線でもそれなりに機微な情報が飛び交っている。相手が中国ともなれば、常にサイバー攻撃を受けているものと考えなければならない。

そこで、日本は防衛情報だけでなく、行政機関、インフラ基盤、メディア、先端技術企業など、全面的なサイバー防衛を強化する必要がある。日本では従来、内閣官房と警察庁が中心となり、犯罪対策という観点でサイバー防衛に取り組んできたが、これは国防の問題だ。諸外国はほとんど防衛の観点で国防当局が中心となって行っている。日本でも自衛隊が中心となるべきである。

もっとも、そのこと自体は日本政府内でもようやく周知されてきてはいる。防衛予算の大幅増を受けて、自衛隊のサイバー部門の大幅拡充も明記された。自衛隊のサイバー部隊は2022年度末の段階で、サイバー防衛隊に約490人、陸自サイバー防衛隊に約180人、海自保全監査隊等に約130人、空自システム監査隊等に約90人のサイバー専門部隊隊員が配属され、合わせて約890人のサイバー専門部隊隊員がいた。

これが1年後の翌2023年度末には自衛隊サイバー防護隊の約620人を含めて計約2230人となる。これを今後も拡充し、2027年度末にはサイバー専門部隊隊員を計約4000人に、さらにシステムの調達や維持運営などのサイバー関連業務を担当する要員を含めて計約2万人の陣容にすることが計画されている。それ自体は、遅ればせながら日本もサイバー防衛の強化に乗り出したと評価できる。しかし、相手はあの中国である。さらに強化し続けるほか道はないのだ。

　また、意識面での変化も重要だ。サイバー戦は攻撃と防御の区別が曖昧な分野だ。仕込まれたウイルスを発見して除去するだけでは対処できない。そこで防衛省では「能動的サイバー防御」という概念を取り入れた。必要なことである。

　もっとも難しいのは、おそらく人材の確保だろう。もちろん自衛隊での教育システムも大幅に強化されているが、民間から若手の優秀な人材を確保することも必要になる。そこで現在、提起されているのが、サイバー要員を高給の期限付の特別技術職としてリクルートすることだ。給与体系を能力に合わせて最大で年額2000万円以上にする案が有力だ。この金額は防衛事務次官や統合幕僚長に匹敵する給与レベルということだが、それでも不充分となる可能性がある。きわめて優秀な人材であれば、民間企業はもっと高給を出すだろうからだ。

　こうしたサイバー部門での優秀な人材の確保は、米国をはじめ各西側民主国の部隊でも苦労していることだが、その必要性・重要性は間違いなく高く、日本でも早急に対応を進めなければならないだろう。

第6章

暗躍する世界の情報・公安機関

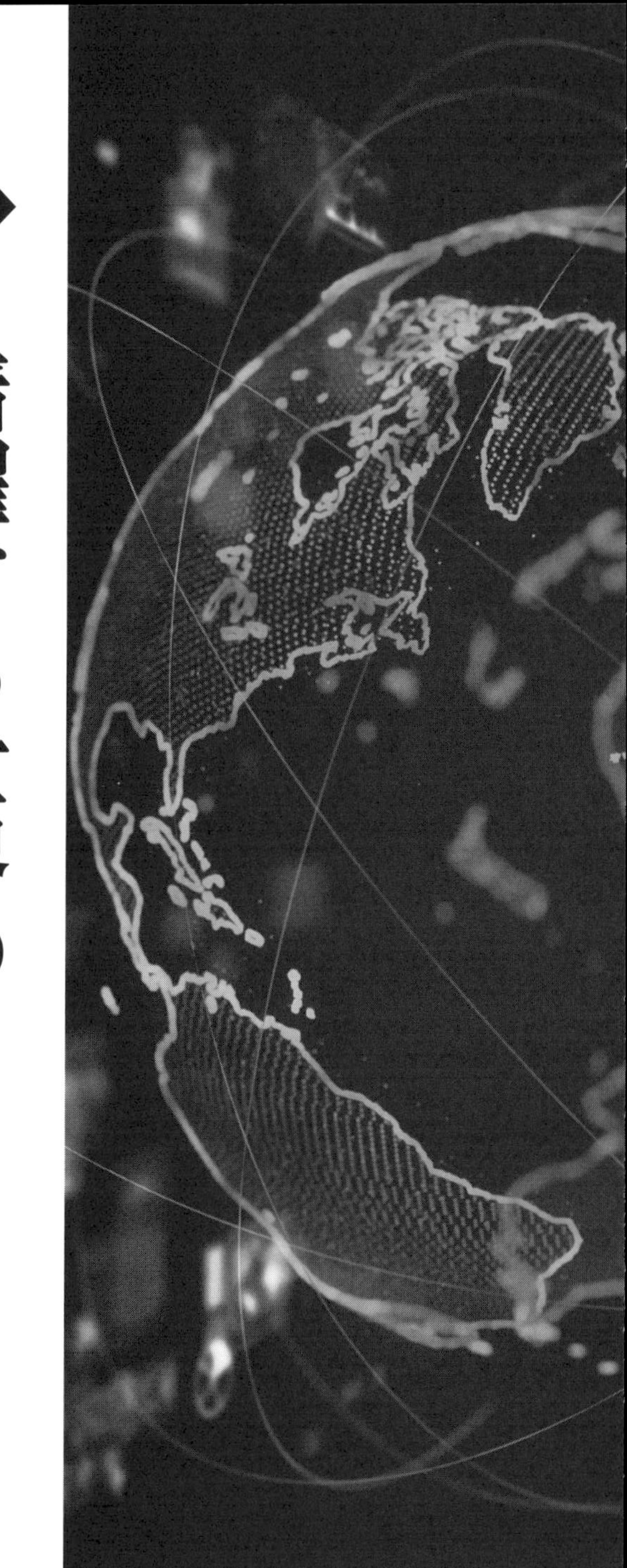

I　サウジアラビア、トルコ、米国の情報機関はどう動いたか

～カショギ記者殺害の顛末からみえる情報戦の深層

サウジ記者が在トルコ・サウジ大使館内で殺された！

サウジアラビアのジャーナリストであるジャマル・カショギ氏が、2018年10月にトルコ・イスタンブールのサウジ総領事館内で殺害された。当初は関与を否定していたサウジアラビア政府が、トルコから証拠を突きつけられるかたちで、やがて「サウジ当局者による殺人」だったことを認めた。だが、その命令者がムハンマド・ビン・サルマン皇太子であることはほぼ確実なのに、それだけは頑なに否定している。ムハンマド皇太子はサルマン国王の息子で、正式な王位継承者である。現在は首相職にあるが、事件当時は第1副首相、国防相、経済開発評議会議長、汚職対策最高委員会議長などを兼任していた。すでにサウジ国内では事実上〝全権〟を握っており、サウジ王国としてムハンマド皇太子だけは守る姿勢を崩さなかった。

時系列で事件の経緯を振り返ってみる。

カショギ氏は2018年10月2日、イスタンブールのサウジ総領事館にトルコ人の恋人と一緒に訪問。恋人は外で待たせて本人だけが入館した。しかし、その後、総領事館から出て来ることはなかった。心配した恋人がトルコ当局に通報し、事件が発覚した。トルコ当局は初動捜査でカショギ氏が総領事館から出てきていないことを確認。さらにサウジから送りこまれたとみられる15人の容疑者チームも把握し、同6日には正式な捜査開始を発表した。

カショギ氏はサウジでは著名なジャーナリストだった。サウジは政治的な自由が一切認められていない王制の国家である。王室批判は御法度（ごはっと）で、秘密警察や宗教警察が国内に厳しい監視の目を張り巡らせている。ジャーナリストも、体制派しか存在が許されない。カショギ氏も当初は王室に近いジャーナリストだったが、現在のムハンマド皇太子体制に批判的な立場をとるようになり、2017年9月、安全のために活動の場を海外に移した。国籍はサウジアラビアのままで、アメリカの永住権をとり、バージニア州に移り住んで『ワシントン・ポスト』の寄稿家となった。なお、ムハンマド皇太子が皇太子になったのは、同年6月であり、その後、ムハンマド皇太子はその権限をフルに使って、反体制派を大規模に粛清していった。ムハンマド皇太子に批判的だったカショギ氏も、おそらく国内にいればいずれは粛清対象になっていた可能性が高い。

　当時、カショギ氏は妻との離婚話と、トルコ人女性との結婚の話があった。特に妻との離婚の手続きが必要で、そのためにサウジ政府側と話し合い、イスタンブールのサウジアラビア総領事館に行くことになった。カショギ氏が最初に総領事館を訪れたのは9月28日だった。しかし、総領事館側は、書類の手配に時間がかかるので、カショギ氏に10月2日に再訪するように伝えた。カショギ氏は言われたとおり同日、総領事館を訪れて、そのまま失踪した。

　捜査を開始したトルコ当局は、サウジ総領事館内の出来事を記録した音声データを早い段階で入手し、カショギ氏が総領事館内で殺害されたことを掴んだ。トルコ当局側からは、メディアを通じて15人の容疑者の氏名と姿が公表された。15人は事件当日、2機のサウジの特別機でイスタンブールに来ており、総領事館に入っていた。入国審査の際の旅券情報で氏名や顔写真などをトルコ当局は入手しており、また監視カメラ情報などで彼らの動きも遡って調査された。

　その後の捜査で、ムハンマド皇太子の側近として知られる対外情報機関「総合情報庁」（GIP）副長官のアフマド・アシリ少将が、この作戦を命令した人物だとほぼ判明した。アシリはサウジ国軍の幹部で、特に国防相だったムハンマド皇太子が指揮していたイエメンでの作戦で、軍の広報官を務めていた人物だった。２０１７年、ムハンマド皇太子が正式に皇太子に就任した後、サウジの強力な情報機関である総合情報庁に副長官として送り込まれていた。

サウジアラビア当局は当初、カショギ氏は総領事館を当日中に退去しており、自分たちはカショギ氏の失踪とは一切無関係だと主張していた。しかし、同20日、エルドアン大統領とサルマン国王が電話会談をした直後、サウジ政府は主張を一変させ、殺害の事実を認めた。口論から殴り合いになり、その挙句に殺害してしまったということだった。また、サウジ政府は同時に、犯行に関与した18人を逮捕したこと、さらに5人の高官を解任したことも発表した。

容疑者18名に関しては、前述の15人とその他3人ではないかと思われる。後者の3人については、いくつかのメディア報道では運転手と総領事館員2名と伝えられた。

また、解任されたという5人の高官のうちの2人をサウジ当局は公表している。アフマド・アシリ総合情報庁副長官と、サウード・アル・カフタニ王室顧問である。カフタニはムハンマド皇太子の最側近で、特にメディア広報を担当している人物である。この2人の解任を発表したということは、サウジ当局はこの2人の失態として事件を終息させようとしたのだろう。つまり、総合情報庁の一部の者が勝手に暴走した結果のアクシデントとして決着を図ることにしたわけだ。

しかし、アシリ総合情報庁副長官とカフタニ王室顧問はともにムハンマド皇太子の側近として知られた人物であり、皇太子の関与を否定したいサウジ側としては、名前を出したくない人物だ。それを発表したということは、トルコ側から突きつけられた証拠の中に、この両者の名前があったということを意味する。

サウジ皇太子が送り込んだ暗殺チーム

その後、トルコ検察庁は同年10月31日、「カショギ氏は総領事館に入った直後、実行犯たちの計画どおりに絞殺され、死体は切断された」と発表した。国際社会の関心事は、現在のサウジを実質的に牛耳（ぎゅうじ）っているムハンマド皇太子の命令があったかどうかということだが、それは、実行犯グループ15人の顔ぶれをみても、疑惑はきわめて濃厚だ。サウジ側は前述したように、総合情報庁の一部の者の暴走としたい意向だったが、この15人の顔ぶれからは、その説明は不可能だ。というのもこの15人は、総合情報庁と王室警備隊皇太子護衛班の混成チームだからだ。この2つの組織はまったく系統が異なる組織であり、混成チームが組まれるなどということは通常では考えられない。

総合情報庁は熾烈（しれつ）な中東の激動の中で昔から存在感を示してきた強力な情報機関だが、サウジ国内ではいまや飛ぶ鳥を落とす勢いのムハンマド皇太子の側近中の側近である王室警備隊皇太子護衛班のほうが、発言力は上位にある。総合情報庁が勝手に王室警備隊員を徴用することなど考えられない。ムハンマド皇太子の最側近の腹心か、ムハンマド皇太子本人の了承がなければ、そうしたことは起こらない。また、何事もトップの意向が優先され、その意に背けば簡単に命まで奪われる恐怖体制のサウジ王国で、いくらムハンマド皇太子の腹心といえども、国外での暗殺という大きなリスクを伴う決断を、上の指示を仰がずに勝手に実行する可能性はきわめて低い。そう考えると、やはりこの混成チーム編制の背後には、トップであるムハンマド皇太子の了承があったと考えていいだろう。

なお、世界中どこの国の情報機関も、海外で破壊工作を行う場合には、基本的には自らの組織で動く。他の組織や省庁がロジスティックスで支援することもあるが、情報の秘匿も含めて最も注意が必要なダーティワークは、情報機関が自身で受け持つのが原則だ。サウジの総合情報庁にも当然、海外で破壊工作に対応できる武闘派の部門は存在するが、今回はなぜか他組織が加わった。今回の事件は、おそらく最初の段階から、王室警備隊皇太子護衛班に声がかかっていたのではないかと思われる。それもまた、ムハンマド皇太子の関与を強く裏付ける。

ところで、サウジのインテリジェンス組織はどうなっているのか？

サウジは国王をトップに、王族が独裁政権を独占する専制的な王国である。したがって、国内の反体制運動を弾圧するために、非常に強力な公安機関・情報機関が運営されている。また、サウド王家が連携するワッハーブ派というきわめて厳格な宗派を国の根幹とし、非常に戒律に厳しいイスラム法を採用している。つまり、独裁体制とイスラム主義による、きわめて自由度の低い体制なのだが、それもまた強力な公安機関・情報機関によって統制されている。

そうした国民を監視・弾圧する組織を列記すると、前述した対外情報機関である「総合情報庁」(GIP)、国内の治安を統括する「内務省」、秘密警察活動を統括する「国家保安庁」(PSS)、宗教警察(ムタウィーン)、国軍の治安・公安部門、国軍とは別の軍事組織である「国家警備隊」の治安・公安部門、そしてやはり前述の「王室警備隊」など多数ある。

これらのうち、前述したようにGIPについては、ムハンマド皇太子は2017年に副長官として側近を送り込んだことで、ほぼ掌中にしていたといっていい。

その他の機関はどうか。国内治安部門についてはまず、従来はサウジ国内では「内務省」が強い権限を持っていた。内務省は警察機構全体を統括する省庁で、省内にはきわめて強力な準軍事組織である治安部隊に加え、「公安総局」という公安警察もある。

この内務省というサウジ国内随一といっていい権力機構は、もともとはムハンマド皇太子の前任の皇太子だったナーイフ皇太子が、その父親の代から内相ポストを受け継いで長年の牙城としてきた組織だったが、ナーイフ皇太子が2017年に失脚したことで、現在はやはりムハンマド皇太子が強い影響力を持つようになっている。

なお、ムハンマド皇太子が権力を握った2017年、サウジ政府は政府直轄で前述した「国家保安庁」(PSS)という省レベルの組織を新設しており、内務省から秘密警察部門を切り離して、PSSに移管した。現在もその秘密警察はPSS隷下の「総合保安局」(マバーヒト)として活動しているが、その編制替えでやはりムハンマド皇太子の影響力が強まっている。

サウジ国内の治安部門としては、この他にも、イスラム国家独特の「宗教警察」(ムタウィーン)がある。イスラム法違反を取り締まる王国内でも別格的存在だが、こちらも時に、王家に批判的な動きへの弾圧に使われることがある。ただ、ムハンマド皇太子はどちらかというとイスラム的戒律を表向きは緩める方向を打ち出しており、もちろん敵対はしていないものの、こちらにはそれほど接近していない模様だ。

その他の国家の実力組織としては、軍事組織がある。サウジアラビアの国軍は国防省が統括しており、こちらは当然、元国防相であるムハンマド皇太子がほぼ掌握している。

国軍の他にも、「国家警備隊」というきわめて強力な国軍なみの部隊もある。重装備に加え、特殊部隊や秘密工作部隊もあり、独自にきわめて強い権限を持っている組織で、サウジの実力組織でムハンマド皇太子の影響下にない唯一の組織だったが、2017年11月にそのトップだったムタイブ・ビン・アブダラ国家警備相が失脚させられ、ここもムハンマド皇太子の影響下に置かれた。

今回の事件で注目されている前述の「王室警備隊」は、国家警備隊とは別系統の小規模な部隊で、サルマン国王をはじめ、主要な王室幹部を護衛する部隊だが、その中のムハンマド皇太子を護衛するチームには現在、皇太子の側近グループとして強大な権限が与えられている。いずれにせよ、こうしてみるとサウジ国内の暴力装置はいまやムハンマド皇太子がほとんど掌握していると言っていいだろう。

トルコと米国の諜報機関はどう動いたか

その後、事態が動いたのは同年11月15日である。サウジ検察庁が、捜査結果を初めて公式に発表したのだ。もちろんムハンマド皇太子の関与を否定するストーリーとなっており、内容は以下の通りである。

▽容疑者は全部で21人だったが、このうち11人が起訴され、そのうちの5人に死刑が求刑された。
▽命令者はアシリ総合情報庁副長官。9月28日に「カショギ氏を説得して帰国させる。もし不可能なら強制的に連れ帰る」ことが総合情報庁の作戦指揮官に命令された。
▽指揮官は交渉班、情報班、ロジスティクス班から成る15人のチームを編制した。指揮官はアシリ副長官に対し、交渉班のリーダーに元同僚を推薦した。その元同僚は過去にカショギ氏と交流があった。
▽この元同僚は当時、サウード・カフタニ顧問の下で働いていた。アシリ副長官はカフタニ顧問に連絡し、その人物を使わせてくれるように依頼し、顧問も了承。顧問は作戦指揮官に会うことを要求。顧問は、作戦指揮官と会見した。
▽カフタニ顧問は、カショギ氏が反体制の組織に参加しており、サウジ国外での活動が国家安全保障に脅威となるとしたうえで、チームに彼を帰国させるように要求した。
▽作戦指揮官は、強制的な連行になった場合に証拠を隠滅する目的で法医学専門家を加えた。法医学専門家の上司に報告はなかった。
▽作戦指揮官はトルコの協力者に連絡し、カショギ氏を強制連行する場合に必要になるアジトの確保を依頼した。

▽領事館を検分した交渉班リーダーは、カショギ氏を説得できなかった場合に、アジトへ連れていくのは不可能と結論した。
▽交渉班リーダーは、説得に失敗した場合は殺害することを決めた。サウジ検察庁の捜査では、このことが殺人事件の原因と結論づけられた。
▽実際には、交渉班とカショギ記者は揉み合いとなり、その後、カショギ氏は大量の薬物を注射されて殺害された。
▽殺害に加わった者は5人。殺害後、死体は解体され、総領事館から運び出された。
▽一連の作戦のロジスティックスを担当したのは4人。
以上のことから、サウジとして組み立てた事件のストーリーは、「総合情報庁がカショギ氏を説得もしくは強制的に帰国させると決断」「カフタニ王室顧問が協力」「交渉班リーダーが、説得ができない場合には殺害することを事前に決定」ということになる。

なお、サウジ検察庁が公式に右記の発表を行った同日、アメリカ財務省は実行犯15人に加え、カフタニ顧問および事件当時のイスタンブール総領事だったムハンマド・アル・オタイビを含む計17人に制裁を科すことを発表した。

また翌16日、『ワシントン・ポスト』紙が「CIAが、カショギ氏殺害はムハンマド皇太子の命令だったと断定」との記事をスクープした。CIAは複数の情報源からそうした結論に至ったというが、驚かされるのは、そのひとつが米諜報機関が傍受した駐米大使のハリド・ビン・サルマン王子から、バージニア州にいたカショギ氏への電話の内容だということだ。米情報機関がカショギ氏の通話を日常的に盗聴していたということは考えられないので、ハリド大使の電話がモニタリングされていたのだろう。おそらく事件発覚後に、過去のモニタリング・データを後から聞き直して、その通話内容を確認したのではないかと思われる。

もっとも、そうした諜報活動は通常、手の内は秘匿される。公にされると、相手がその対抗手段をとるからだ。なので、今回、ワシントン・ポスト紙に対してこうしたリークが行われたのは、きわめて異例なことだ。なお、このリークがCIA関係者のどのレベルからのものなのかは不明だが、これだけ重要とリークになれば、CIAでもトップレベルによる決断だった可能性が高い。

さて、こうしてリークされたその通話内容だが、ハリド大使がカショギ氏に対して「離婚・結婚の書類を得るためにイスタンブールのサウジ総領事館に自ら出向かわなくてはならないが、安全は保証する」と話していたというものだった。ハリド大使はムハンマド皇太子の弟で、皇太子とは非常に近い関係にある。しかもきわめて高い地位にある人物だから、彼にそんな内容のカショギ氏への電話を指示できる人物は、ムハンマド皇太子本人しか考えられない。

この話が事実であれば、ムハンマド皇太子自身が少なくとも「カショギ氏を帰国させること」を直々に命令したことは疑いない。後は最初から殺害命令だったのか否かという問題だが、ワシントン・ポスト紙によると、例のトルコが入手した音声データを確認した複数の国の関係者が、「カショギ氏は総領事館に入ってすぐに殺害された」と証言しているという。それが事実なら、当初から帰国を説得するというような計画ではなく、殺害計画だったことになる。仮にムハンマド皇太子が「説得あるいは強制的に帰国させろ」と命令していた場合、現場が勝手に殺害計画に変更するなどということはまず考えられない。とするならば、最初からムハンマド皇太子から殺害命令が出ていた可能性が大と結論づけられる。

このハリド大使の電話の件が事実だとするならば、ワシントン・ポスト紙はかなりCIA中枢からリークを受けていることになるが、同紙によると、CIAが入手したトルコ当局の音声データについては、「トルコ当局がサウジ総領事館内部に仕掛けた盗聴機器によるもの」との興味深い記述もある。トルコはこの音声データ入手の手法について一切公表していないが、この話が事実だとすれば、トルコは日常的にサウジ総領事館内部を盗聴していたことになる。

トルコには「国家情報機構」(MIT)というきわめて強力な情報機関があり、おそらくこの

ＭＩＴの工作と思われる。

ＣＩＡはまた、実行チームのリーダーが、カショギ氏を殺害した後、カフタニ顧問に作戦終了を知らせるために総領事館内からかけた電話の内容も把握しているという。ワシントン・ポスト紙の情報源は「10月2日の事件発生まで、カショギ氏は米情報機関の関心事ではなかったが、事件後に傍受通信記録を探し始め、サウジ政府がカショギ氏を帰国させようとしていたことを示すデータが発見された」と語っている。やはり蓄積していた盗聴データを事件後に復元した可能性が高いと考えられる。

この事件はもちろん記者殺害というきわめて悪質な国家犯罪だが、その背後で蠢（うごめ）くサウジ情報機関、トルコ情報機関、米情報機関の活動の一旦が垣間見えることでも、たいへん興味深い。

Ⅱ ベネズエラ独裁政権を支える2大勢力

~キューバ情報機関と軍内部の麻薬ネットワークの存在感

破綻国家の影にキューバ情報機関「内務省情報局」(通称・G2)

かつては南米でも最も経済の発達した国だったベネズエラの政治経済が今、完全に崩壊している。とくに2014年の原油価格の続落をきっかけに経済が破綻し、ハイパーインフレーションが進展した。インフレ率は最高時で年率1000%超。産業も行政サービスも事実上崩壊し、失業率は40%以上、貧困率は60%にも達した。社会インフラは麻痺(まひ)し、停電や断水も頻発した。治安が悪化し、犯罪も多発している。

食料不足も深刻で、貧困層を中心に国全体で飢餓が広がった。医療の崩壊で、病死率も急上昇し、数百万もの国民が国外に逃れた。もともとの人口が約3100万人だから、国民の1割以上が国外脱出したことになる。

豊富な石油資源で南米随一の豊かな国だったベネズエラの、目を覆うような凄まじい破壊ぶりだが、その原因は、ニコラス・マドゥロ大統領の失政に尽きる。政治を誤り、経済政策を誤り、国家機能が崩壊した。しかし、マドゥロ政権は「混乱はすべて米国のせいだ」と主張している。

ベネズエラでは一時期、そんなマドゥロ政権に反対する国民の怒りが渦巻き、全土で反マドゥロ政権のデモが頻発したが、マドゥロは警察力を使って弾圧に成功した。マドゥロはその後、ロシアや中国、イランと急接近し、反民主主義陣営との協力で延命を図っている。

マドゥロ体制が今も生き残っているのは、軍と警察という国家暴力装置をマドゥロが押さえているからだ。マドゥロは最高裁判所などの司法機関の幹部もすべて自分たちが送り込んでおり、司法機関を完全に掌握している。選挙管理委員会（国民選挙評議会）も同様だ。

ベネズエラは本来、豊富な天然資源を持つ国だ。天然資源はまず石油と天然ガスで、その他にも鉄鉱、ボーキサイトなどが豊富にある。産業はそうした鉱業が主で、それに付随する石油化学、製鉄、アルミ精錬などの産業もあった。ベネズエラはＯＰＥＣ（石油輸出国機構）創設５カ国のひとつで、世界の主要産油国のひとつでもある。とくに原油の確認埋蔵量は世界最大だ。ただし、主力産品が超重質油なので、国内では精製できないので、主に米国の精製所で精製している。

ベネズエラは19世紀前半にスペインの植民地から独立。その後、長い期間、内戦と軍事政権を繰り返した。1914年に油田が発見されて南米随一の豊かな国になったが、その後も軍事政権と政変が繰り返された。しかし、1958年以降は、右派の民主行動党と左派のキリスト教社会党の二大政党制が定着した。中南米では1960〜1980年代に各国に軍事政権が誕生し、専制的な強権支配を行ったり、保革対立による内戦も起きたりしたが、ベネズエラでは民主主義が機能した。しかも、豊かな石油収入のおかげで、経済も良好に推移した。

しかし、その二大政党制は、そこから弾かれる貧困層の不満を呼んだ。1980年代後半からは石油価格の低迷もあり、石油輸出に依存するベネズエラ経済が低迷、国民生活が悪化した。とくに最もダメージを受ける貧困層の反発はさらに高まったが、そんな時、1992年に既存政治システムの打破を訴えてクーデターを起こしたのが、ウーゴ・チャベス陸軍中佐だった。チャベスのクーデターは失敗して彼は投獄されるが、釈放後に政治活動家に転じ、1998年の大統領選で貧困層優遇を訴えて勝利し、1999年に大統領に就任した。

ベネズエラが中南米の優等生から転落し始めるのは、このチャベス政権の誕生からだ。彼は個人的な性格として、とにかく目立ちたがり屋で、大衆に受けることをどんどん発言して喝采を浴びることが大好きな、典型的なポピュリズム政治家だった。貧困層を優遇することで、自分自身を英雄視したがっていたと言ってもいいだろう。チャベスは大統領就任後、さっそく新憲法制定に取り組み、議会の権限を抑えて、大統領権限を強化した。また、議会だけでなく、対話集会などで国民から直接、政治的要求を受け付ける制度を設けるなど、まさにポピュリスト的手法を導入した。

しかし、チャベス政権のワンマン的なやり方には、旧体制人脈からの反発があった。2001年からはストライキが頻発するようになる。2002年4月、クーデターが起こり、チャベス大統領は一時拘束される。しかし、このクーデターはわずか2日で失敗に終わり、チャベスは大統領に再び戻った。チャベス政権が迷走を始めるのは、このクーデター未遂が転機だった。

チャベスは軍部を掌握するために、キューバの情報機関「内務省情報局」（通称G2）の力を頼った。G2の工作員が軍事顧問としてベネズエラ軍に送り込まれ、指導的立場に就いた。いわば、チャベスはキューバ情報機関にベネズエラ軍を監視させたのだ。

もともとチャベスは前述した1992年のクーデター失敗から、1994年3月に釈放されると、その年の12月にキューバの首都ハバナを訪問し、そこで初めてフィデル・カストロ議長と面会している。カストロ議長は反米の闘士として中南米ではカリスマ的な超大物だが、その時は、カストロ側がチャベスを気に入り、誼（よし）みを結んだようだ。

このように、チャベス大統領には大統領になる前から、キューバの影がちらついていたのだが、2002年のクーデター未遂を機に、両者は急速に連携していった。言い換えれば、ベネズエラのチャベス政権にキューバ情報機関が深く食い込んでいくのは、この2002年以降だった。

そのキューバの影響力もあって、チャベスはその後、急激に反米・親キューバに路線を転換していく。たとえば、2003年からは貧困層向けに無料の診療制度を創設し、その人材確保のため、医療スタッフが豊富なキューバから、医師や歯科医など医療関係者2万人を受け入れた。支払いは石油である。その頃には石油価格が高い水準で安定しており、チャベス政権のバラマキ政策の原資になった。なお、その頃、チャベス政権はベネズエラ経済の最重要企業である国営石油公社(PDVSA)の国家統制を強めている。

チャベスはその後、2005年に正式に社会主義国家建設を宣言すると、2000年代後半からは、さらに社会主義的な政策を進めた。たとえば大規模農場や大企業を国有化したり、物価や為替を統制したりといった政策である。また、米国の当時のブッシュ政権を批判して、中南米屈指の「反米の闘士」となり、ロシア、中国、北朝鮮、イランなどの反米ブロックの国々と急接近した。

しかし、そうした国々よりも、チャベス政権ともっとも深い関係にあったのはやはりキューババだ。チャベス政権は1999年から2013年の間だったが、その間に起きたことは、ポピュリストのワンマン大統領が反米の闘士として奇矯(ききょう)な言動を加速させる一方、国家運営の中枢でキューバの影響力が強まり、国の民主主義も経済システムも確実破壊されていったということにほかならない。

軍内部で跋扈(ばっこ)する麻薬ビジネス・コネクション

チャベス大統領が2013年5月に癌で死去すると、ニコラス・マドゥロ副大統領が大統領に就いた。今日のベネズエラの国家崩壊の種を撒いたのは、疑いなくチャベスだが、国の破壊をさらに加速度的に進めたのは、後継者のマドゥロである。しかも、その加速度が凄まじかった。

マドゥロは、晩年のチャベスが彼を外相、副大統領に据え、後継者に事実上指名していたことで、大統領に上り詰めた。もともとバスの運転手で、組合運動出身の活動家だが、20代半ばにキューバで政治活動の訓練を受けたこともあり、実質的にはキューバ情報機関と密接な関係にあったとみられる。

チャベスがマドゥロを後継者に指名したとき、軍や政界の上層部では反発も少なくなかった。

ベネズエラ政界では、マドゥロはキューバの後押しでチャベスに取り立てられただけの存在であり、もとよりたいした実績もなければ、国民の支持もなかった（チャベスは国の政治経済に大きな傷を残した元凶だが、貧困層に支持者は多かった）。

そんな経緯から、マドゥロ政権はますます親キューバ色を強めていった。チャベス時代にすでに軍上層部にキューバの軍事顧問を迎えていたことは前述したが、軍部を掌握するために、マドゥロはその政策をさらに進めた。いまや軍事顧問という名目でベネズエラに常駐しているキューバ情報部員は、米南方軍によれば、2万5000人に達しているという。ベネズエラはその見返りに、多い時には日産10万バレルもの原油を、実質無償でキューバに提供している。

このため、ベネズエラでは軍高官がマドゥロの意向に逆らえば、キューバ情報機関の指揮下で即座に粛清される状況にある。政治権力のカギを握るのは軍の動向だが、マドゥロはこうした仕組みで実力組織である軍を掌握している。

さらに軍上層部に広く利権の構造が存在しており、彼らは腐敗したマドゥロ政権であればこそ、その甘い汁の恩恵に与（あずか）り続けることができる。そもそもベネズエラ軍は、チャベス時代に集中的に予算が振り分けられた。それは軍の利権構造化をきわめて強くした。こうして軍は汚職まみれの組織になった。また、チャベスは軍を掌握するために、軍幹部に国営企業、省庁、金融機関などのポストを与えた。これでますます軍は汚職の温床となった。

マドゥロはこの傾向をさらに大掛かりにした。2017年11月に国営石油公社「PDVSA」総裁兼石油相に国家警備隊のマヌエル・ケベド少将を指名するなど、主要な国営企業トップや閣僚に軍人枠をあてがい、軍に国家の基幹ともいえる巨大利権を与えたのだ。とくにカネになる資源開発部門には、多くの軍高級将官が関与しており、濡れ手に粟の利益を享受している。

さらに、利権の温床である中央省庁も、軍幹部に与えられた。軍の特権的な地位を利用し、たとえばハイパーインフレを外貨の為替操作で迂回することで、海外から食料品を安く購入し、国内の闇市場で超高額で売り抜けたなどという事例もあった。軍は国防の組織というより、もはや完全に利権集団となっている。

それだけではない。ベネズエラ軍には、巨額の麻薬利権も存在する。軍内部に麻薬密輸ネットワークが存在しており、マドゥロ政権と深く結びついているのだ。ベネズエラでは早くもチャベス政権以前の1990年代に、キューバ情報機関が仲介役となり、隣国コロンビアの左翼ゲリラ「コロンビア革命軍」（FARC）と連携したコカイン密輸ビジネスが存在していた。それが1999年の親キューバのチャベス政権の誕生で、いっきに成長したという経緯がある。軍は当初、密輸に便宜を図ることでコミッションを得ていたが、2000年代半ば頃からは、自身が密輸そのものに参画していった。

ただし、このネットワークは単一組織ではない。多数の軍高官がそれぞれ自前で麻薬密輸ビジネスに参入した。そのネットワークが軍内部に張り巡らされているのである。この軍内のコカイン密輸ネットワークは現在、マドゥロ政権と事実上、一体化している。チャベス前政権およびマドゥロ政権の閣僚を含む高官や軍高官が何人も、さらにマドゥロの妻の親族らも麻薬密輸容疑で米国で起訴されている。正規の軍だけでなく、国家警察の上層部も同様であり、さらには「コレクティーボ」というマドゥロ派武装民兵もそのネットワークには連なっている。政府・軍上層部がそのまま巨大な麻薬密輸ネットワークに組み込まれているといって過言ではない。この巨大な麻薬密輸ネットワークの最大の実力者は、マドゥロ政権の裏のフィクサーであるディオスダド・カベジョ元制憲議会議長（元国会議長）とみられる。カベジョに次ぐ実力者にはタレック・エルアイサミ前石油相（元副大統領・元内務相・元産業相。中東系でレバノンの民兵組織「ヒズボラ」とも関係があるとみられる）などもいる。

マドゥロ政権は反体制派の活動家らを日常的に拘束・拷問・処刑しているが、その実行役となっているのが、主に以下の3つの秘密公安機関である。

▽「ボリバリアン国家情報局」（SEBIN）

ベネズエラ副大統領直属の情報機関。実際には政権を守る秘密警察的存在。
▽「軍事防諜総局」（DGCIM）
軍のカウンター・インテリジェンス部門だが、実際にはマドゥロ政権の秘密公安機関。
▽「ボリバリアン国家警察特殊活動部隊」（FAES）
公安警察の武装部隊。実際には反政府活動家を抹殺する主要機関。

（ボリバリアンは、革命家シモン・ボリバルの名から。チャベス前大統領が導入した新憲法により、ベネズエラ共和国も現在の正式国名はベネズエラ・ボリバル共和国）

また、これ以外にもデモ参加者などを殺害している前述のマドゥロ派民兵組織「コレクティーボ」がある。もともとはチャベス前大統領が国内の不満を抑えるために貧困層の支持者を組織した大衆組織だが、実際には武装したギャング集団でもある。ベネズエラ各地に数十もの小グループがあり、その総数は5000人とも7000人とも言われている。コレクティーボのリーダーの一部はマドゥロ政権の処刑部隊「SEBIN」「DGCIM」「FAES」の工作員が偽装しているものとみられる。

以上のように「キューバ情報機関の監視・統制」と「資源利権と麻薬密輸ネットワークの存在」により、マドゥロは国の政治経済が破綻していても権力の座に留まることができているのだ。

Ⅲ 暴かれたロシア2大機関の暗殺特別班と「毒殺チーム」

プーチンを支えるロシア情報機関

ロシアのプーチン政権は独裁政権であり、反政府派の存在は許さない。許さないとはどういうことかというと、殺害してしまうのだ。ロシアではプーチンに睨まれたら最後、誰しもが、いつどのようなかたちで命を失うことになるかわからない。

では、ロシア情報機関のどこが、こうした暗殺を行っているのか。

ロシアには3つの主要な情報機関がある。ロシア国内を担当する秘密警察で、治安部隊も持つ強大な「連邦保安庁」（FSB）。海外での諜報活動を担当する「対外情報庁」（SVR）、そして軍の情報機関である「参謀本部情報総局」（GRU）だ。このうち、反プーチン派に対する暗殺は、主にFSBが絡んでいるとみられる。国内に留まらず、海外での暗殺も、おそらくFSBが実行している。庁内に破壊工作専門セクションがあるのだ。

他方、SVRは現在、外国での情報収集活動を主に行っており、近年はこうした荒っぽい暗殺はあまり聞かない。ただ、SVRにも破壊工作を行うセクションは小規模ながらあるようだ。GRUも世界中でスパイ活動をしているが、こちらはロシアの周辺国、あるいはロシア軍が介入しているような地域では、特殊作戦・破壊工作も行っている。とくにロシア軍が介入しているウクライナとシリアでは、GRUも秘密作戦を活発に行ってきたことがわかっている。

プーチン政権の工作機関による政治的暗殺で最も有名なのは、プーチン批判記事で知られた『ノーバヤ・ガゼータ』紙のアンナ・ポリトコフスカヤ記者が2006年に自宅エレベーター内で射殺された事件だが、それ以外にもプーチン政権を批判しているジャーナリストが毎年複数人のペースで暗殺されるか暗殺未遂の目に遭っている。

イギリスを拠点に反プーチン言論活動を行っていた元FSB中佐のアレクサンドル・リトビネンコも、やはり2006年に猛毒の放射性物質ポロニウムを使って毒殺された。そんな物質を使えるのは一部の国家機関しか考えられないが、実行犯としてロシアの2人の元KGB要員が特定されている。2人は元KGBの第9局（警護局）の要人警護要員で、その後、「連邦警護局」（FSO）を経て民間でセキュリティ・ビジネスを行っていた。FSBの下請けと思われるが、逃げ帰ったロシアでは政府に非常に優遇され、このうちの一人は後に下院議員になっている。

プーチン政権による暗殺・暗殺未遂では、このようにいかにもロシア機関の犯行であることが明白な特殊な毒物が使用されるパターンがある。2018年3月には、やはりイギリスに亡命していた元GRU大佐のセルゲイ・スクリパリとその娘が旧ソ連製の神経剤「ノビチョク」により毒殺されかかった。スクリパリは1990年代半ばからイギリス情報機関「MI6」の二重スパイとして密かに活動していたが、2004年にFSBにより逮捕された。その後、2010年に米ロの間で行われた拘束スパイ交換で英国に亡命し、ひっそりと潜伏生活を送っていた。

スクリパリ父娘はドアノブに塗布されたノビチョクにより一時は重体に陥ったが、2人とも一命を取りとめた。ノビチョクは同じ神経剤のVXの5~10倍もの毒性がある物質で、もともと2つの前駆(ぜんく)物質を混合することで毒性物質に変わるバイナリ型というタイプの軍用化学兵器である。前駆物質で取り扱うことによって保管・運搬の安全性が保たれるとともに、危険な化学物質であることを偽装することも容易になる。軍用の化学兵器だが、まさに外国での暗殺に使いやすい兵器だ。

その後、犯人と思しき怪しいロシア人の動きを、イギリスの情報機関が確認した。実は、イギリス情報機関はこの被害者であるスクリパリ元大佐の周辺や、イギリスで活動するロシア情報部員の活動などをかねてから監視しており、その線からの調査で2018年9月5日、犯人を割り出した。それは「ルスラン・バシロフ」と「アレクサンドル・ペトロフ」という名義のロシア旅券を持つ2人組だった。

イギリス捜査当局は2人のイギリス入国からの行動を監視カメラ映像などから確認して犯人と断定。顔写真を公表するとともに、欧州逮捕状を発行して国際手配した。それによると、2人は同年3月2日にモスクワからロンドンに到着。翌3日に短時間、犯行現場となったソールズベリーを訪問。いったんロンドンに戻って、翌4日に再びソールズベリーに向かい、その4日当日のうちにロンドンからモスクワに向かった。まさにソールズベリーで短時間過ごすためだけにイギリスを訪問していたわけだ。なお、2人が宿泊したロンドン東部のホテルからもノビチョクの痕跡が検出されている。

ロシアは当初、この事件への関与を完全に否定していたが、このように具体的に犯人の旅券名義や顔写真まで公表されたことで、次にはその否定工作を行った。まず同12日にプーチン自らが「彼らが誰かはわかっている。情報部員ではなく民間人だ」と発言。翌13日には、なんとこの2人をロシア国営テレビ「RT」が出演させた。そこで本人たちが語ったところによると、旅券名義は彼らの本名であり、職業は軍人ではなくフィットネス業界とサプリメント業界の企業家ということだった。ソールズベリーを訪れたのは同地の大聖堂を見るためで、純粋に観光旅行ということだった。ロシア側はこれをもって、2人を犯人とするのはイギリス側の陰謀だと主張した。

だが、2人のこの証言だけでシロとするのは、あまりにも無理があった。たとえば、彼らはなぜか自分たちの身分証明書を番組では提示せず、仕事内容や私生活にも触れなかった。また、ロシアの独立系経済紙『RBK』の取材によれば、この2人の名義で登録された会社は存在しなかったという。なにより国営テレビのRTはプーチン政権の完全な宣伝機関であり、そこに出てくるだけでクロと自白しているようなものでもあった。

ロシアの欺瞞を暴いた情報検証サイト

しかしその後、情報戦の主役は、2人の犯人を無関係と主張するロシア当局と、その矛盾を証明する独立系の民間サイト「ベリングキャット」に移る。このサイトは2012年にエリオット・ヒギンズというイギリス人ブロガーが始めたブログを母体とするサイトで、ネット上で入手できる公開情報を使ってフェイク情報を検証する非常にマニアックでユニークな活動を展開している。当初はイギリスが拠点だったが、現在はオランダに移転している。

ベリングキャットは調査対象がフェイク情報なので、当然、今の主な相手は世界で最もフェイク情報を拡散しているロシアとなっている。このスクリパリ毒殺未遂事件に関しても、ロシア側の否定の欺瞞を暴く調査をいち早くしてきていた。2018年9月14日にはロシアの独立系サイト「インサイダー」との共同調査として、2人の犯人の旅券情報などから彼らがGRUと関係している可能性がきわめて高いことを証明した。

その調査によると、この2人の名義となっているロシア中部での住民登録と旅券発給の記録は2009年に作成されており、それ以前には存在しないという。また、2人の旅券はほぼ同時期に発給されているが、通常のロシア国民とは違うきわめて特例的な発給が行われていた。そのうち少なくともペトロフ名義の旅券情報には、情報機関員に使われる最高機密扱いの特殊なマーキングが複数見られたという。

また、彼らが搭乗した航空便の記録をみると、前々からイギリス旅行を計画していたとの2人の証言とは異なり、3月1日に予約されていた。帰国便も2日連続で重複予約するなど、まるで〝緊急脱出〟を想定したかのような準備ぶりだった。

このベリングキャットの発表を受けて、ロシアでは前述した独立系メディア『ノーバヤ・ガゼータ』も調査報道を開始。彼らの旅券情報に含まれる番号が、ロシア国防省の電話番号であることを確認した。ベリングキャットはさらに同年9月20日、第2弾の調査報告を発表した。バシロフ名義の旅券の記録情報でも、ペトロフ名義旅券と同じ特殊なマーキングが確認されたというのだ。

また、他のGRU工作員の旅券情報を照合し、この2人の旅券が同じ特別な手順で発給されていたことも証明された。それに2人の名前で各出入国データを照合すると、とても民間の企業家とは思えないレベルのスケジュールでの移動ぶりで、西欧各国や中国、イスラエルと目まぐるしく飛び回っていることも判明した。もはや2人がGRUの所属であることは明らかだった。

そして同年9月26日、ベリングキャットはインサイダーとの第3弾の共同調査を発表した。さまざまな仮説からデータを照合し、写真の確認なども入念に行った末に、ついにバシロフ名義旅券の保有者の実名を突き止めた。アナトリー・チェピーガというGRU大佐である。彼はチェチェン紛争やウクライナ紛争に参加歴のあるGRUの特殊作戦旅団の将校で、2003年にスルラン・バシロフという偽名を割り当てられていたことも判明した。偽名での活動歴は15年にも及んでいたことになる。

なお、チェピーガ大佐は2014年12月、プーチンから直接授与される「ロシア連邦英雄」称号を授与されている。この時期のこうした授与であれば、おそらくウクライナでの秘密活動に対する評価である可能性が高い。こうしたベリングキャットの調査報告を受け、露紙『コメルサント』がチェピーガ大佐の地元を取材し、バシロフと名乗っていた人物がチェピーガ大佐本人であることを確認した。

海外で暗殺工作を担う GRUの秘密部隊「29155部隊」

2020年6月26日、『ニューヨーク・タイムズ』が「情報機関筋によると、ロシアは秘密裏に米英軍兵士殺害の報奨金をアフガニスタン民兵に提供していた」という記事を報じた。同記事によると、アフガニスタン駐留の米英軍の兵士殺害に報奨金を出すというロシアの秘密工作が行われたのは2019年で、報奨金の提示を受けたのはタリバン系の過激派組織とのことだった。他の米主要メディアも後追い取材し、ほぼ同様の内容を報道した。

この情報はもともと別々の場所で拘束した複数のタリバン系民兵への尋問で得られたものらしい。ロシア情報機関がタリバンおよびタリバン系の反米最強硬派「ハッカニ・ネットワーク」に接近を図っているという情報に付随して得られたものだったが、米情報当局は当時、ロシアの暗躍は特には新情報でないと判断し、それほど重視していなかったようだ。

ところが2020年に入って、米軍の特殊部隊「シール・チーム6」（2011年にオサマ・ビンラディンを殺害した部隊）がタリバンの拠点を急襲した際、50万ドルの現金を押収したことで、ロシアから米英兵士殺害に対する報奨金が供与されていた疑惑が再浮上したのだった。

では、ロシア軍のどのセクションがそうした工作を行っていたのかというと、GRUの「29155部隊」が秘密工作の主体となった模様だ。この部隊には少なくとも2008年から活動の痕跡があり、2009年に初めて部隊名が確認されている。しかし、海外破壊工作専門の部隊としてその存在が西側メディアに注目され始めたのは、2019年10月8日の『ニューヨーク・タイムズ』がこの部隊について報じて以降のことである。同記事によると、29155部隊はモスクワ東部の第161特殊訓練センターを本部とし、アンドレイ・アベリヤノフ少将が指揮官を務めていた。任務は海外での「陽動作戦」で、そのなかには爆弾テロや暗殺なども含まれていたという。

同部隊にはそうした海外での秘密工作に従事する約20人のセクションがあり、そのメンバーたちは電波傍受や化学兵器の取り扱いなどの特殊訓練を受けており、幹部の何人かはアフガニスタン、チェチェン、ウクライナなどの戦争で勲章を得た将校だという。前記『ニューヨーク・

タイムズ』の記事によると、ロシア国防省が2012年に表彰して報奨金を出したGRUの3つの「功績ある部隊」の1つが、この29155部隊だった。他の2つは、後に米国大統領選挙（2016年11月）に介入する「74455部隊」と、後にクリミア併合（2014年3月）で暗躍することになる「99450部隊」だという。

実は、この秘密部隊「29155部隊」のメンバーは細かく特定されている。調査したのはやはりベリングキャットとインサイダーに加えて独誌『シュピーゲル』の共同調査チームである。彼らは調査対象者の旅券番号や出入国記録、旅客機の搭乗者記録、自動車記録、電話記録などを徹底的に分析し、本名や所属まで突き止めたのだ。

29155部隊の将校で最も注目すべきは、まるでそのまま「殺しのライセンスを持つ男」のような活動をみせるデニス・セルゲイエフ少将（別名セルゲイ・フェドトフ）だ。彼はスクリパリ元GRU大佐の毒殺未遂の首謀者である。このスクリパリ暗殺未遂の実行役を担った前出のアナトリー・チェピーガ大佐（別名ラスラン・ボシロフ）および、アレクサンダー・ミシュキン大佐（別名アレクサンダー・ペトロフ）も29155部隊の一員である。

計画実行の約1年前の調査段階で、実行犯のミシュキン大佐を含む3人のGRU将校が現地入りしていたことも判明している。他の2人の将校は前述のセルゲイエフ少将と、セルゲイ・

リュウテンコフ（別名セルゲイ・パブロフ）という人物である。

GRUの暗殺部隊長であるセルゲイエフ少将は、イギリスでのスクリパリ暗殺未遂以前のブルガリアの武器商人エミリアン・ゲブレフ毒殺未遂事件（2015年4月）でも、現地入りしていたことが明らかになっている。このときも、未確認ながら神経剤の一種が使用された模様だ。なお、このブルガリアの毒殺未遂事件についても、ベリングキャットと『シュピーゲル』の共同調査で、関与したGRUのメンバーが特定されている。スクリパリ暗殺未遂事件の調査で現地入りしたセルゲイ・リュウテンコフに加え、ウラジミル・モイセーエフ（別名ウラジミル・ポポフ）、イワン・テレンティーエフ（別名イワン・レベデフ）らで、彼らは皆29155部隊に所属している。

前出の『ニューヨーク・タイムズ』の記事によると、CIAを中心とする西側情報機関が29155部隊の存在に気づいたのは、モンテネグロでのクーデター失敗（2016年10月）の後で、さらにその2年後に起きたスクリパリ暗殺未遂でようやく29155部隊の詳細に迫ることができたとのことだ。なお、モンテネグロのクーデター失敗では、2人のGRU将校が現地で起訴されているが、1人は前述したブルガリアでの武器商人毒殺未遂に関与したウラジミル・モイセーエフだった。29155部隊では、同じ工作員がさまざまな秘密工作に参加していたことが窺える。

29155部隊は他にも、前述のロシアによるクリミア併合、モルドバでの政情不安工作、ロシアのドーピング問題に関する「世界反ドーピング機関」（WADA）への諜報工作などで暗躍したとみられる。また、スペインのカタルーニャ独立運動を扇動した疑いについても、スペイン情報当局が捜査に乗り出している。いずれにせよ、暗殺に限らず幅広いダーティな工作を担当していることは確実だ。

29155部隊はこれまで欧州を中心に、身分を偽装した要員を送り込み、暗殺を含むダーティな秘密工作を行ってきた。29155部隊はGRUに所属するひとつのユニットだが、そのダーティな任務内容ゆえに、GRUの一般隊員にもその存在・実像は知られていない。

FSBの暗殺部隊は特殊部隊「ヴィンペル」内の破壊工作班

もっとも、ロシアの工作機関でこうした海外での破壊工作を担っているのはGRUだけではない。ロシア連邦保安庁（FSB）にも、同様の任務を遂行する裏チームがある。

それを調べたのもまたベリングキャットだった。彼らは2020年6月29日、新たな調査報告「FSBのマグニフィセント・セブン〜ベルリンとイスタンブールの暗殺事件を結ぶ新たなリンク」を発表した。これは、ドイツの首都ベルリンで元チェチェン独立派指揮官ゼリムカン・カンゴシュビリが射殺された事件（2019年8月）について、FSB暗殺チームの正体を割り出したという内容だった。

この事件では、現地で発生直後に実行犯のロシア人が逮捕されていた。同年12月にはドイツ政府が、事件に関与したとみられるロシア大使館員2人を国外追放。翌2020年6月18日にはドイツ連邦検察庁が犯人を起訴している。

ベリングキャットはやはりシュピーゲルやインサイダーと共同で、2019年9月、12月と、このカンゴシュビリ射殺事件の犯人を特定する記事を発表している。それらの記事によると、ワジム・ソコロフという偽名を使っていた実行犯の正体は、ワジム・クラシコフという当時54歳の男だった。もともとプロの殺し屋で、ロシア当局から国際手配されていたが、2015年に取り下げられていた。クラシコフがロシア政府発行の偽装身分でドイツ入りする前の数カ月間、モスクワ東部郊外にあるFSB特殊部隊「特殊任務センター」（TsSN）の訓練所にいたことをベリングキャットは突き止めた。

　ベリングキャットはさらにこの暗殺に関与したとみられる本名不詳の人物も追っている。ロマン・ダビドフという偽名のロシア人で、射殺事件当時はベルリンにいて、その後はロシアに戻っていた。ダビドフは実行犯のクラシコフと同様、暗殺直前に偽装身分を取得し、ドイツ入りしていた。また、ロシアでもクラシコフと同じように、FSB特殊任務センターの拠点のある町に頻繁に滞在していたことも突き止めた。こうして少なくとも2人のFSB工作員が射殺事件に関与していたことがわかった。そのうち現場で逮捕された実行犯のクラシコフは、おそらくこの作戦のために雇われた殺し屋だが、ダビドフのほうの身分は不明だ。

　しかし、ダビドフはFSBの正規の工作員である可能性が高い。彼は以前発生した別の暗殺事件との関連が浮上している7人のFSB秘密工作員の一人であることが確認されたからだ。トルコ・イスタンブールで元チェチェン独立派指揮官アブドルバヒド・エディルゲリエフが暗殺された事件（2015年11月）で、実行犯と共通の手法で発行されている偽装旅券を持つ7人の人物をベリングキャットが突き止めたのだが、その中のロマン・ニコラエフという偽名の男が、顔写真からダビドフと同一人物と確認されたのだ。

　ベリングキャットの調査はさらに深くまで及んだ。その7人のFSB秘密工作員の一部の偽装IDの発行パターンが、FSB特殊任務センターの一翼を担う特殊部隊「ヴィンペル」（V局）

の上級幹部であるイゴール・エゴロフ大佐が使用している「イゴール・セメノフ」名義のIDとリンクしていたことを掴んだのだ。エゴロフ大佐自身、ベルリンでの射殺事件の前にドイツに滞在していたことも突き止められた。

このエゴロフ大佐について、ベリングキャットは2020年4月24日発表の別の調査報告「FSBの神出鬼没の〝エルブルス〟の正体~MH17からヨーロッパでの暗殺まで」（MH17はウクライナで撃墜されたマレーシア機）でも、その暗躍ぶりを詳細に調査して伝えている。それによれば、エゴロフ大佐はロシアのウクライナ侵略の際に現地で暗躍した「エルブルス」というコードネームのFSB秘密工作員で、その後もしばしば欧州各国を往来していたという。欧州以外にもイスラエルやアラブ諸国、中国、シンガポールなどに足跡を残していた。FSBの海外破壊工作の専門家に間違いあるまい。FSBはもともとソ連時代のKGB国内部門の後継機関である。その特殊部隊「ヴィンペル」は、チェチェンやウクライナといった紛争で、暗殺を含むさまざまな破壊工作を実行してきた。エゴロフ大佐はヴィンペル内の精鋭による特殊な破壊工作班の現場統括者ということだろう。

このように、少なくとも2010年代後半にロシアの海外での秘密破壊工作の中心にいたのは、GRUでは29155部隊のデニス・セルゲイエフ少将、FSBでは特殊部隊「ヴィンペル」破壊工作班のイゴール・エゴロフ大佐だ。この2人の存在感は突出しているといっていいだろう。

特殊「毒殺チーム」が反プーチン派に毒物を仕込んだ顛末が露呈

ロシア工作機関の暗殺工作は、その後も続いた。ロシアの著名な反体制活動家アレクセイ・ナワリヌイ氏が2020年8月20日、シベリアのトムスク空港で毒物を盛られて重体に陥ったのだ。ナワリヌイ氏はロシアの病院では「毒物の痕跡なし」とされたが、仲間たちの尽力でドイツに移送され、検査・治療を受けた。

そして、ドイツの軍研究所で血液サンプルが精査され、ノビチョクが投与された痕跡が確認された。同2020年9月2日、ドイツ政府は「神経剤ノビチョク系毒物が使われた証拠がある」と発表した。

この暗殺未遂に関しても、犯人はFSBであることが、ベリングキャットとインサイダー、シュピーゲル、さらに米「CNN」の共同調査で判明している。彼らはその実行犯まで突き止めており、ＣＮＮ記者はモスクワでその実行犯の自宅まで突撃取材している。

まずベリングキャットが２０２０年12月の最初のレポートで、ＦＳＢのチームが２０１７年以来3年以上、30回以上にわたってナワリヌイ氏の行動を追跡していたことや、事件当日もＦＳＢ要員5～6人で構成する２つのチームが追跡しており、この中には毒物や神経剤の専門要員も含まれていたということを暴露している。

ＣＮＮ（２０２０年12月16日付）はナワリヌイ氏のインタビューも放送しているが、そこで彼は「私はプーチンが認識していたと確信している」「あれほどのスキル、あれほどの期間をかけた作戦が、ＦＳＢのボルトニコフ長官の指示なしに存在するはずがない。そして同氏はプーチン大統領の直接的な命令がなければ決して敢行しない」と指摘している。

興味深いのは、ナワリヌイ氏自身も彼らと組んで自ら調査していたことだ。たとえば彼は、毒殺作戦の分析を担当する国家安全保障会議の高官になりすまして、ＦＳＢ工作員に電話をかけ、自分への暗殺未遂の詳細を聞き出している。電話の発信番号がＦＳＢ本部のように見えるように細工をしたという。ナワリヌイ氏は自身のユーチューブチャンネルに、この電話の音声記録を投稿している。

その電話で応えた工作員はＦＳＢ毒物チームに所属するコンスタンティン・クドリャフツェ

フという人物で、彼はすっかりナワリヌイ氏の電話を信じ込み、「ナワリヌイのパンツの内側の股の部分に毒物を仕込んだ」と白状してしまった。クドリャフツェフはロシア化学防衛アカデミー・モスクワ校を卒業し、生物安全保障研究センターである防衛省第42センター勤務という化学の専門家である。

ベリングキャットやCNNらこの件を追跡した合同チームは、暗殺未遂に関わった毒物専門家のメンバーを追跡するために数千の電話記録のほか、旅客機の乗客乗員名簿などの文書を調べたという。それにより、このクドリャフツェフ以外にもモスクワ郊外のFSB犯罪科学班の毒物チーム長で、元化学兵器研究機関の大佐だったスタニスラフ・マクシャコフなどの存在も明らかになった。

CNNレポートには「ノビチョクが何らかの方法でナワリヌイ氏のホテルの部屋に運ばれた夜、毒物チームの一人、アレクセイ・アレクサンドロフの所有する携帯電話からの発信がホテルからわずか数百メートルの距離からあったことが確認されている」とある。また、クドリャフツェフはアレクサンドロフを知っていると認め、その仕事ぶりを称賛したという。

また、前述したようにCNNはその工作チームの一員のオレグ・タヤキンの自宅アパートを突き止め、なんとカメラを回したまま突撃取材している。もし同じことを新聞記者が単独でやったら命が危ぶまれる危険行為だが、さすが国際メディアのクルーによる堂々とした突撃だったため、とっさにFSBも手が出せなかったようだ。

こうした多国籍取材班によって判明したナワルヌイ暗殺計画の指揮系統は以下のとおりだ。まず、命令はアレクサンドル・ボルトニコフFSB長官から、FSB特別技術センター長のウラジーミル・ボグダノフ大将に下される。その下で作戦を統括するのは、FSB犯罪科学班毒物チーム長のスタニスラフ・マクシャコフで、実行指揮官はその下のオレグ・タヤキン。その下で工作にあたる毒物チームのメンバーが、アレクセイ・クリホシチェコフ、イワン・オシポフ、ミハイル・シベツ、ウラジーミル・パニャイェフ、アレクセイ・アレクサンドロフ、コンスタンティン・クドリャフツェフらである。

このように、ロシア工作機関には反体制派を毒殺するチームが編制されている。それこそ国家機密そのものの裏のチームだが、そんな秘密機関の仕組みを暴いた中心的存在が、民間の情報調査サイトというのも興味深い。

Ⅳ 中国、ロシア、イランが米国批判の情報戦で連携プレー

～敵の敵は味方、ネット上で米国批判を互いに拡散

米国デモを香港弾圧の正当化に利用する中国

2020年5月、米国では警察官の暴力で黒人男性が死亡した事件がきっかけで、大規模な反人種差別デモが全国で頻発し、一部では暴動的な行動も発生したが、そうした米国内の混乱ぶりを見て、米国の〝仮想敵国〟がここぞとばかりにネット上で米国批判を展開した。中国、ロシア、イランの3カ国だ。

たとえば中国はこの件では、米国が自国でデモを鎮圧しながら、香港問題では中国を批判するという二重基準を「偽善だ」と印象づける情報発信を仕掛けている。中国は当時、香港問題で国際社会の強い批判を浴びていたが、そういった批判の矛先を少しでもそらすのが狙いだ。

中国はコロナ問題では、米国政府の信頼性を損なうような扇動的な情報発信を、拡散のために大量作成したボット・アカウントなども駆使してSNSで展開していることがわかっている

が、反人種差別デモに対しては、おそらくそんな裏工作をせずとも、充分に米国社会の分断を煽れると判断したのだろう。フェイク情報工作よりも、ストレートにデモ騒乱の情報を拡散することにほぼ徹した。

まず、デモの発端となったミネアポリス市警察官によるジョージ・フロイド氏殺害が発生したのは同年5月25日のこと。抗議デモは翌日から始まり、5月末にかけて全米各地に急速に拡大。一部が暴徒化し、略奪も発生した。それに対応する一部の地域における警察サイドの強圧的な姿勢も大きく報じられた。

それに対し、当初は中国側の反応は鈍かった。実は中国は同年5月28日に全国人民代表大会で香港に「国家安全法」を導入する方針を採択した。これは反政府活動を強権的に禁じる法律で、施行されれば香港の人々の政治的自由はほぼ剥奪される。これに対し、その少し前から中国のこうした方針は国際社会で非難を集めていた。全人代での採択直後には、米、英、カナダ、オーストラリアが共同で、中国が香港の政治的自由と一国二制度を約束した国際公約に違反すると非難する声明を発表していた。中国側としては、こうして香港問題をめぐって同年5月下旬、国際的な非難を受けていたわけで、当時は中国側も国家安全法導入に対する反論をメインに対外宣伝活動を行っていた。そこに米国での反人種差別デモ騒乱が発生したのである。

中国側は、国営メディアがこうしたデモを大きく報じてはいたが、それを次第に「香港問題で中国を非難する米国のダブルスタンダードへの批判」という文脈で利用するようになった。最初は同年5月29日、中国共産党系「環球時報」（英語版は「グローバル・タイムズ」）に米国の二重基準を批判する記事が掲載され、翌5月30日には共産党機関紙「人民日報」が、大手SNS「微博」のページに、米国と香港の抗議行動を比較した動画を投稿した。これらの動画は、ミネアポリスでのデモ取材中にCNN記者が警察に逮捕される場面の映像と、2019年10月に香港の警察官たちが記者たちに押し込まれている場面の映像で、投稿から2日以内に13万5000件近くの肯定的な反応と7000件近くのシェアを集めた。

政府高官も自ら発信した。5月30日に中国外交部の華春瑩（かしゅんえい）・報道局長（報道官）が、香港問題で中国を批判した米国務省のモーガン・オルタガス報道官のツイートを引用するかたちで、米国で殺害された被害者の言葉を真似て「息ができない」とツイートした。米国こそひどいとの意思表示である。このツイートは4万7000もの「いいね」と、1万2000ものリツイートを獲得している。

6月1日には、対米強硬発言で当時は「戦狼外交官」（「戦狼」は超人的な中国軍兵士が活躍する中国版「ランボー」のような大ヒット映画）とも称されていた趙立堅（ちょうりつけん）・副報道局長も、「米国は香港独立派や暴力分子を英雄や活動家として持てはやしながら、人種差別に抗議する人々を暴徒と呼んでいる」と指摘し、米国を偽善的だと非難した。

他方、同日に華春瑩・報道局長は黒人差別問題を引き合いに、アフリカ連合委員会委員長コメントを引用して、中国は人種差別に対して「アフリカの友人たちとともにある」と宣言した。これは、欧米による植民地主義と搾取に代わり、中国がアフリカ諸国を支援するという、中国の近年の国家戦略の宣伝でもあった。

このように、中国は米国での反人種差別デモを、もっぱら香港問題での自分たちへの国際的非難をそらす文脈で利用するという戦術をとった。また黒人差別問題を、自分たちのアフリカ諸国へのアピールにも利用した。つまり、米国でのデモ騒乱を何か新しい内容の反米宣伝に利用するのではなく、これまでの宣伝を補強する材料として利用したといえる。ちなみに香港の行政トップのキャリー・ラム行政長官（当時）も6月2日の記者会見で、米国の二重基準を非難し、香港の警察はデモ対応をはるかにうまく処理しており、米国が香港当局を批判する根拠はないと主張した。

米国のデモ騒乱を大々的にSNSで拡散

フェイク情報拡散もごく少数ながら行われた。たとえば5月31日には、前出「環球時報」の胡錫進（こしゃくしん）編集長がツイッターで、香港からの抗議者が米国に潜入し、米国全土で暴力的なデモを指揮していると示唆した。しかし、SNSを利用したフェイク情報工作やデモ扇動などの裏工作はほとんど確認されていない。米国のSNS分析会社「グラフィカ」の6月3日のレポートでも、コロナ問題では中国当局が米国内の分裂を煽ったり、米国人に成りすまして中国政府のプロパガンダを推進したりするような活動が多数確認されたが、人種差別反対デモ関連ではそうした動きがみられないと指摘している。これは中国の対米情報戦としては少し奇異なことで、筆者にも意外だった。香港問題での中国への批判を薄めるには、米国での分断を煽るほうが効果が高いようにみえるからだ。

ただし、米国でのデモ騒乱自体は、大きなトピックとして大々的にSNSで拡散されている。米国の政治ニュースメディア「ポリティコ」の6月1日のレポートによると、5月30日以降のツイッター投稿では、中国政府関係者、国営メディアなどを中心に、ミネアポリス市での警察官によるアフリカ系男性殺害事件に関連する「#BlackLivesMatter」や「#Minneapolis」などのハッシュタグの、米国政府批判や分裂扇動の書き込みが広く拡散されていたことがわかったという。同記事によれば、こうした書き込みでは、加工された画像やフェイク情報などは拡散されていないものの、デモを肯定する側と批判する側の対立するコンテンツをどちらも拡散しているという。これは専門的に検証すれば識別できる偽のSNS投稿による工作などの姑息な謀略活動に頼らずとも、オープンな情報拡散だけでも充分に米国社会の対立を煽れるとの判断である可能性がある。

米シンクタンク「大西洋評議会」のネット情報拡散分析機関「デジタル鑑識調査研究所」（DFRLab）の6月4日のレポートも興味深い。同レポートによれば、米国でのデモ騒乱に関連した微博でのハッシュタグを調査したところ、いちばん多かったのは「美国暴乱」（米国暴動という意味）というハッシュタグで、6月2日時点で20億ビューを超えていたという。

また、SNS監視サービス「Meltwater Explore」を使った分析では、5月25日から6月3日までの間に、「George Floyd」（ミネアポリス市での被害者）という名前を含む記事が中国で約2万7000件もアップされたという。このうち中国語の記事は1万9972件、英語の記事は7141である。つまり英語で国際的に発信された情報もそれなりに多いが、それ以上に中国人に向けた情報発信が多いことがわかる。DFRLabのレポートでは、中国は香港での弾圧を正当化するために米国の社会不安を利用していると分析されている。

以上のように、中国は米国での人種差別反対デモに関しては、香港問題での対中国批判との二重基準を批判することに注力した。「お前たちに自分たちを批判する資格などない」との理屈だ。同時にデモ騒乱の様子をストレートに拡散することで、米国社会の分断を扇動しようとしたことになる。

全方位への非難で米国社会の分断を煽るロシア

ではロシアはどうだったか。

まずロシアで顕著なのは、米国のデモ賛成派と反対派の双方を扇動する動きだ。たとえばプーチン政権の宣伝メディア「スプートニク」は同年6月1日、米国社会が暴力と人種差別の上に成り立っており、白人至上主義者のテロはテロと呼ばれず、反人種差別主義者がテロリストと呼ばれる異常な国だと指摘し、トランプ大統領を人種差別主義者だと罵倒する記事を掲載した。

また、ロシア政府系メディアの資金で運営され、プーチン側近の政商エフゲニー・プリゴジンが所有するネット工作機関「インターネット・リサーチ・エージェンシー」（IRA）にも関連するサイト「The USA Really」も同日、トランプ大統領を「デモの間、ホワイトハウスの地下壕に逃げ込んでいた臆病者」と揶揄する記事を掲載した。

ネットメディアだけではない。ロシア政府自身も、米国批判には余念がない。たとえば在米ロシア大使館は6月1日に公式ツイッターで、米国の警察がマスコミ記者を攻撃・抑圧したことを非難した。ロシア本国では、プーチン政権に批判的な記者の暗殺・変死が頻発しているが、そんなことは棚に上げての強い非難だ。

こうして米国政府とトランプ大統領を攻撃したかと思うと、他方では同日、もうひとつの宣伝メディアである「RT」が「暴力を扇動し、デモ騒動を民主党が有利になるよう利用しようとしている」とオバマ前大統領を非難している。全方位的に非難することで、米国社会の分断を煽るとともに、ロシア社会の優位性を印象づける作戦だろう。さらにRTはとくにスペイン語版で、米国の人種差別を強調する攻撃的な記事を量産している。これは米国内のヒスパニック系住民を扇動する効果がある。

ロシアの政府系メディアは明らかにフェイクである陰謀論も拡散している。たとえば、6月1日のロシア国営テレビ「ロシア24」のニュース討論番組「60ミニッツ」では、以下のような陰謀論が披瀝された。

「米国のデモは、オバマ政権がかつて旧ソ連圏で仕掛けた反ロシア民衆運動『カラー革命』の時の扇動マニュアルをそのまま流用したもので、トランプ政権の崩壊を狙う米民主党の裏工作だ。したがって民主党員が多い州で拡大したのは偶然ではない」

あるいは親プーチン系ニュースメディア「ニュース・フロント」も同日、「ウクライナ軍元将校がミネアポリス市でタンクローリーを群衆に突っ込ませた。状況を悪化させるために仕組まれたテロだ」とのフェイク陰謀論を配信した。

非難の矛先はトランプ政権や、その反対陣営である米民主党だけではない。前出のスプートニクは6月1日、国際人権団体「ヒューマンライツ・ウォッチ」がミネアポリス市警察官によるアフリカ系米国人市民殺害事件から「1週間も沈黙している」と非難する記事を掲載した。もちろんヒューマンライツ・ウォッチはサイトやツイッターでこの問題を当初から指摘し続けてきているのだが、被害者の実名を書いていなかったらしい。そのことだけをスプートニクはあげつらい、「人権団体のくせに沈黙している」とのフェイク宣伝を行った。これはロシアの国内外での広範囲な人権抑圧ぶりを、かねてより同団体が批判していることに対する意趣返しであることは明らかだ。

こうした政府系メディアに限らず、ロシアでは米国でのテロ騒乱に言及したネット記事が数多く書かれた。しかし、ロシアのネット媒体に対するロシア政府の監視は強力で、こうしたネット記事の多くもロシア当局の意向が強く反映される。

しかも、ロシアで作成されたネット記事であるのに、ロシア語だけでなく英語記事が多い。たとえば前述したデジタル鑑識調査研究所（ＤＦＲＬａｂ）の6月4日のレポートによれば、5月27日から6月3日までの間にロシアで作成・発信されたネット記事のうち、ミネアポリス市警察官に殺害された被害者の氏名「George Floyd」を含む記事を調べたところ、ロシア語の記事が１５４４件なのに対し、英語記事は１１０７もあったという。母国語の約３分の２もの分量の英語記事が発信されているわけだ。

これは前述したように、中国では中国語の記事が英語より圧倒的に多かったのと対照的だ。中国では英語記事の割合は中国語の記事の約３分の1、イランではペルシャ語記事のわずか15分の1しかない。それらに比べると、ロシアで書かれる英語記事の割合はかなり多い。それだけロシア国内向けより、対外向けの宣伝活動に力を入れているといえる。

では、ロシアが得意とするＳＮＳを利用したネット上のフェイク情報工作はどうか。

実はロシアのネット秘密工作機関「インターネット・リサーチ・エージェンシー」は過去、２０１４年から２０１７年にかけて、米国の反人種差別運動、とくにBlack Lives Matter運動に対して重点的に扇動工作を続けていたことがわかっている。アフリカ系米国人の怒りを増幅することで、米国社会の分断を狙ったのだ。

ところが、2020年の人種差別反対デモの拡大に対しては、成りすましアカウントを多用するなどのネット上でのフェイク工作の痕跡はほとんど確認されていない。この点は中国の工作に類似しているが、こちらもやはりそんな裏工作をしなくても、あの段階ではストレートに米国内を扇動するだけで充分だと判断したのだろう。

互いを利用し合う中国、ロシア、イラン

他方、米国の長年の宿敵であるイランも、やはり中国やロシアと同様に、米国批判を繰り広げた。しかし、前述したようにペルシャ語による発信が非常に多い。対外的に利用しようというより、まずは国内に向けて「米国もこんなにひどい」と宣伝したかったのだろう。

それでも対外的な発信がないわけではない。ロシアの場合は前述したように、米国内の対立を煽るような内容が多かったが、イランの場合はほとんど、2019年11月にイラン当局が国内デモを実弾で弾圧し、数百人も殺害したことを米国に非難されたことへの意趣返しの内容に

なっている。その点は、香港問題での自国への批判をそらそうとしている中国に、傾向は似ている。

まず、さっそく5月28日にハメネイ最高指導者のツイッターの公式アカウントが、デモを弾圧する米国政府を批判する映像を発信した。また、同日にはムサビ外務省報道官もツイッターで、米国の人種差別を非難する内容を、なんと#American_human_rightsというハッシュタグを付けて投稿している。

なお、イランではその後、ハメネイ最高指導者の慈悲深さを強調するように、ミネアポリス市警察官が被害者男性の首を膝で押さえつけて殺害する場面の写真と、かつてハメネイ最高指導者がアフリカからの留学生の手に口づけしている写真を組み合わせた画像が、ツイッターで広く拡散された。

さらに5月30日には、イラン外務省の公式アカウントが、デモ参加者に耳を傾けることと、メディアを制限しないことを米国政府に求める内容をツイートした。いずれもこれまでイラン政府が非難されてきたことだ。5月31日にはザリフ外相もツイッターで、かつてポンペオ国務長官がイランの人権抑圧を非難した声明をそのまま引用し、「イラン」を「米国」に赤字添削で置換した画像を発信した。米国の非難はそっくりそのまま米国への非難になる、という揶揄である。

また、前出のムサビ外務省報道官は6月1日、「米政府は国内外で暴力といじめを熟知している」とコメントした。この「いじめ」とは、米国がイランに制裁をかけていることを意味するが、このムサビ報道官のコメントは、イランの主な国営メディアに引用されて拡散された。同様の言い方は、翌6月2日にザリフ外相のツイートにもある。「膝で首を圧迫する技術は目新しいものではない。米国は最大の圧力と称して、イラン国民に対してずっと行ってきた」という皮肉だった。

ここで興味深いのは、中国、ロシア、イランの3カ国が、今回の米国デモを利用して「自分たちより米国のほうがひどい」との印象を強めるような情報発信を、互いに連携して拡散し合っていることだ。たとえばロシアのRTは5月29日の番組内で、米国政府が香港のデモ参加者を自由の戦士と呼ぶ一方で、米国のデモ参加者を凶悪犯と呼んでいると非難した。これはまさに中国当局の主張と通じる。これに対して中国外務省の華春瑩・報道局長は同31日、自身のツイッターでこのRTの動画をリンクした。

また5月30日には、ロシアのポリャンスキー国連次席大使も、米国政府の香港問題との二重基準を非難するツイートを発信。これを中国外務省の趙立堅・副報道局長がリツイートした。

さらに中国の新華社は5月31日、デモ中の記者に対する米国の警察の横暴を批判したロシア外務省の声明を掲載した。イランに対しても、ロシアは援護射撃をしている。たとえばスプートニクは5月29日、前述したハメネイ最高指導者のツイートを大きく紹介している。

こうした連携プレーは、つまりは「敵の敵は味方」ということだ。中国、ロシア、イランの3カ国はそれぞれ政府が自国民を弾圧しており、さらに国外でも人権侵害に深く関与している。3カ国はこれまでそのことを米国にさんざん非難されてきたが、米国でのデモ騒動を利用し、米国での人権問題をクローズアップすることで、自分たちの人権抑圧への非難を弱めたいという共通の狙いがある。

要するに、「ならず者国家」たちが互いに利用し合っているわけだが、世界ではすでに中・露・イランを中心とする人権抑圧国家の陣営が協力関係を深めつつある。「反米」という共通利益を持つこれらの国々がさまざまな局面で連携する動きが、ネット上の宣伝戦でもすでに登場しているのだ。

V インドVS.パキスタンの過激な情報機関

犯罪組織を雇って暗殺作戦を進めるインド「調査分析局」（RAW）

2023年11月29日、米司法省は、同年6月に米国市民権を持つ分離主義者のシーク教徒の殺害を計画していたとして、インド人のニクヒル・グプタを連邦検察庁が起訴したと発表した。彼はインド本国の政府高官（治安・情報機関の元工作員）から指示を受け、同国のシーク教徒地域分離独立運動の指導者でニューヨーク在住の人物の暗殺を企てたとのこと。米検察当局は標的とされた人物名を公表していないが、米国を拠点とする分離独立派グループ「正義のためのシーク教徒」の指導者でインド系米国・カナダ二重国籍保持者のグルパトワント・シン・パヌン弁護士とみられる。

興味深いことに、この件はDEA（米麻薬取締局）が摘発した。というのも、グプタは暗殺の実行犯として10万ドルの報酬でヒットマンを雇ったのだが（そのうち1万5000ドルを前払いしていた）、そのヒットマンが実は麻薬組織の殺し屋に偽装したDEAの囮捜査官だったのだ。グプタはもともと麻薬と武器の国際的密輸ネットワークに繋がっている人物で、その筋に顔が利くということで前述のインド政府高官が接触していた。グプタは故国インドで麻薬密輸で刑事告発され、国外逃亡していた身だったが、この暗殺作戦に協力すれば告発を取り下げるとインド当局から持ち掛けられていた。インド機関とすれば、こうしたいかがわしい第三者を介することで、自分たちの関与を偽装できると考えたのだ。

グプタは暗殺計画に失敗した後、すぐに米国から出国していたが、同6月末に逃亡先のチェコで逮捕された。その直前の同6月18日、カナダ・バンクーバー近郊にあるシーク教寺院の前で、シーク教徒分離独立派指導者のインド系カナダ人のハルディープ・シン・ニジャール氏が車内で射殺されたが、カナダ当局はそれもインド工作機関によるものと断定している。

グプタはニジャール氏が殺害された翌日にもDEA囮捜査官と接触しているが、その際に「ニジャール氏も標的のひとりだった」「カリフォルニアにも標的がいる。標的には他にもたくさんいる」と語っていたという。また、インド工作機関はカナダでのニジャール氏暗殺の数時間後に、その殺害現場のビデオ映像をグプタに送信したこともわかっている。つまり、カナダでの暗殺はグプタの犯行ではなかったものの、カナダと米国での暗殺工作は同じインド機関が首謀していたことになる。

米情報サイト「インターセプト」の同年11月29日付のレポートによると、同サイトは独自に「FBIが米国内のシーク教徒たちに暗殺計画を警告したこと」や「パキスタンのシーク教徒活動家を暗殺するインド工作機関の計画が進行している疑惑があること」なども調査して伝えている。

また、インターセプトの他のレポートでも、インドの工作機関「調査分析局」（RAW）が、UAE（アラブ首長国連邦）とアフガニスタンに拠点を置く犯罪ネットワークに、パキスタンでの暗殺を依頼していることを示す文書を入手して報じている。パキスタンでは過去数年間に多数のシーク教徒およびカシミール地方の分離主義者が暗殺されており、そのペースがその数カ月前から急ピッチで加速していた。米国、カナダ、さらにイギリスでも多くのシーク教徒活動家が不審死する事例が相次いでいた。これらの事実からすると、RAWが世界各地でさまざまな犯罪者を雇い、インド政府と敵対する分離独立派の活動家たちに対する組織的な暗殺工作を進めていることはほぼ間違いないといえるだろう。

インドは国民の選挙で政権が選ばれる民主主義の仕組みを持っているが、多数派による少数派への弾圧は以前から問題視されていた。また、現在のモディ政権も、国内では政治的な批判派を不正に弾圧している。そのための国外での汚れ仕事をRAWが担当しているということだろう。

なお、RAWは調査分析局という一見すると研究機関のようにも見える名称だが、首相直属の対外情報工作機関（国家安全保障担当首相補佐官が実際には統括）である。国外では冷戦時代から、特にパキスタン工作機関のライバルとして、数々のダーティな破壊工作を行ってきたことで知られる。隷下には国内外で通信傍受を広く行っている「無線研究センター」（RRC）、通信以外の電波傍受を担当する「電子技術局」（ETS）もある。

インドにはその他にも、内務省傘下で国内治安・防諜を担当する秘密警察的な「情報局」（IB）、電子技術省傘下でサイバー・セキュリティとサイバー攻撃を担当する「国家サイバー調整センター」（NCCC）、軍の情報機関「国防情報局」（DIA）、軍の信号傍受・暗号解読機関「統合暗号局」、国防省の国内監視機関「中央監視機構」（CMO）など、多数のインテリジェンス組織がある。

主に国内の監視と対パキスタン情報戦が任務だが、インドは安全保障分野での情報の戦いに力を入れている国家でもある。

中央アジアのイスラム過激派の黒幕 ～パキスタン軍「統合情報局」(ISI)

インドと対峙するパキスタンも、非常に強力な情報・工作機関がある。軍の情報機関「統合情報局」(ISI)だ。

パキスタンはインドからイスラム教徒が分離して建国した国で、もともとイスラム色が非常に強い社会である。そのため、建国時から同国では厳格なイスラム主義組織である「ジャマーアティ・イスラーミー」(JI)の影響力が強く、そのネットワークはパキスタン社会では強い政治的圧力として息づいており、その人脈は政界にも軍内にも浸透している。特に陸軍と前述したISIはその牙城であり、なかでもISIはパキスタン政府とは一線を画した独自の権限を保持している。というか、パキスタンでは政府よりもむしろ実力組織の陸軍のほうが力が強いのだが、ISIにはその陸軍の支配権も及ばず、冷戦期より南アジアのスンニ派系イスラム保守派のネットワークの総本山のような立場になっている。

つまり、このISIが南アジアの各地で蠢(うごめ)くイスラム系武装勢力の黒幕であることが非常に多い。もともとインドとの係争地であるカシミール地方の歴代の武装集団各派はISIの手下であり、ＩＳＩはこれらの武装集団を使って対インドのテロを常態的に仕掛け続けた。アフガニスタンの「タリバン」も、もともとはアフガニスタンのイスラム系武装集団（ムジャヒディンと総称される）の抗争を収めて同国内を支配するためにＩＳＩが育てたものだ。

他の中央アジア各国のイスラム系武装集団にも、ＩＳＩの息のかかったグループは多い。ただし、パキスタン北西部のワジリスタン州など地元部族社会が強力でパキスタン政府の権限が及ばなかった「連邦直轄部族地域」（現在は政府の統治に移行され、カイバル・パクトゥンクワ州に編入）の武装勢力「パキスタン・タリバン運動」（ＴＴＰ）とは現在は公式には敵対関係にある。とはいえ、もともと過激なイスラム主義での同志だった関係で、人脈的には水面下の付き合いがまったく切れたわけではないともいわれている。

いずれにせよ、こうした経緯からＩＳＩはタリバン内のいくつかの派閥をはじめ、南アジアや中央アジアの各地で過激なイスラム主義のグループとは関係がある。ＩＳＩの最大の目的は宿敵・インドとの抗争に勝つことで、国外への影響力拡大よりは各地のイスラム武装勢力を対インドのテロに利用しようとする傾向が強いが、過激なイスラム主義ネットワークの影の支援者でもあり続けているため、きわめて危険な組織ではある。

パキスタン社会はこのようにジャマーアティ・イスラーミーの裏の人脈が根付いてお

り、実力組織として軍の独自勢力であるＩＳＩが政府とは別に独自のテロ支援を行っている。２０００年代以降の対テロ戦において、米国はパキスタン政府と協力関係を維持したが、米国からすると、ＩＳＩはイスラム・テロ側とのコネクションが強いため、完全には信用できないということになる。２０１１年のビンラディン殺害作戦でも、米国はアルカイダへの情報漏れが当然視されたため、パキスタン側への事前の情報提供はしていない。米国は対テロ戦でパキスタンと協力しつつ、情報面では協力しないといった微妙な関係を続けた。

とにかく世界には政府の統制外の情報・工作機関が稀にあるが、ＩＳＩはそれが際立っている。

Ⅵ ドイツ特殊部隊の闇 「クーデター」未遂の深層

～陰謀論とロシア工作と極右思想の親和性

ドイツ帝国復活を目指す2万人の勢力

2022年12月7日、ドイツで奇妙な事件が起きた。クーデター計画が事前に摘発されたというのだ。摘発された計画はかなり大規模なものだ。陽動作戦として電力網を破壊し、社会に混乱をもたらした間隙(かんげき)を抜って、武装したグループで連邦議会を襲撃。議員たちを拘束するとともに、首相を処刑するという内容だった。

そして、新たな国家元首にはハインリヒ13世ロイス公という人物が就き、極右政党「AfD」(ドイツのための選択肢)のビルギット・マルサック＝ヴィンケマン元連邦議会議員が司法相となって反対派を粛清することになっていた。一連の捜査で逮捕されたのは、これらの中心人物を含む25人だ。

ドイツのような民主国家で「今どきクーデターか」という意外な話だが、首謀したのは「ライヒスビュルガー」（帝国の市民）という「（19世紀にビスマルクが作った）ドイツ帝国はまだ存続している」という妄想を共有する人脈に連なるグループで、その中心的存在が前述のハインリヒ13世だった。当時71歳の彼は旧ドイツ帝国地方貴族の子孫で、王子を自称している。

もっとも、ライヒスビュルガーはきちんと統制された組織ではない。第２次世界大戦の敗北で〝外国に強要されて形成された〟民主主義体制の権威を認めず、ドイツ帝国復活あるいは自治を目指すという荒唐無稽な極右思想の人々が、緩やかに連携する仲間内の運動体にすぎない。一部のメンバーは納税を拒否して騒動を起こしたり、「帝国」独自の旅券や運転免許を作ったりしている。ドイツ国内で１９８０年代から活動してきたが、そのトンデモぶりで、つまりは変人集団扱いされてきた。

ただ危険なことに、武力による権力奪取を語るメンバーも多くいて、彼らは銃を保有している。２０１６年にはメンバーの自宅で警官隊と銃撃戦になり、警察官１名が殺害された。このクーデター計画摘発でも、警察が全国で捜索した約１５０カ所の拠点のうちの約50カ所で武器が押収されている。

ライヒスビュルガー自体は多様な極右組織や個人を横断する緩やかな仲間内なので、正式メンバーというかたちはとっていないが、このグループに連なる極右ネットワーク全体の勢力は

2万数千人。その5%程度、すなわち約1000人ほどのコアなメンバーが、暴力的な過激派人脈だといわれている。この事件に関与したのは、そのまたほんの一部ではあるが、背後に過激な人脈が1000人規模で存在するという現実は、けっして軽視できない。

裁判官や軍の特殊部隊出身者も参画

ライヒスビュルガーの主張や行動パターンは、米国のQアノン支持者に酷似している。新型コロナのパンデミック以降、コロナ自体の存在を否定し、反ワクチンを主張し、ドイツ政府のコロナ対策を批判してきた。コロナ対策と称した政府の施策は、ドイツを破壊する巨悪の陰謀だという「陰謀論」だ。

実際、ライヒスビュルガーの多くのメンバーが、「米国では民主党上層部を中心とする小児性愛者たちによる巨悪な権力集団《ディープステート》がいて、トランプ前大統領は彼らと戦う英雄だ」との陰謀論を主張するQアノンに共鳴している。そしてドイツでも同じように「ユダヤ人やリベラル派の巨悪集団の陰謀で、ドイツ民族が窮地に陥っている」という陰謀論を主張している。

こうした陰謀論者のトンデモ言説は今に始まったことではないが、ライヒスビュルガーの勢いはパンデミック以降、かなり拡大した。感染対策のために行動の自由が制限された閉塞感から、SNSで反ワクチン陰謀論が一部に広がった影響と思われる。

警戒すべきは、このトンデモ陰謀論のグループに前述した元連邦議員のほかにも、裁判官や警察官、軍人が複数参加していたことだ。とくに注目されるのは、同グループの軍事部門責任者であるルディガー・フォン・ペスカトーレ元陸軍中佐だろう。彼はもともと特殊部隊の幕僚や指揮官を歴任した軍人で、第251空挺大隊指揮官だった1996年に武器の不正持ち出しで摘発されて退役したが、当時、彼はいずれ精鋭の特殊部隊「KSK」(陸軍特殊戦団)の指揮官になるとも一部で目されていたドイツ軍特殊部隊のまさにエリート軍人といってよかった。

さらにKSK現役隊員のアンドレアス・M軍曹も摘発対象となり、KSK本部基地も捜索された。Mはかねて極右思想が危険視されており、軍防諜機関「MAD」(軍事保安局)の監視対象だった。近年はディープステート批判や反ワクチンの言動も顕著になっていたという。

ちなみにKSKは2017年にも、隊員50人がナチス崇拝を行ったとして問題になったことがある。2020年にも武器紛失事件が発生し、当時の国防相が隊の一部を解散し、全体的な透明性向上と体質改革を命じたほどだ。ドイツ軍では冷戦時代、さかんに反共・愛国主義指導が行われていたが、冷戦後も特殊部隊の一部に極右的な体質が維持されていた形跡がある。

ロシアの情報工作に共鳴

ところで、ライヒスビュルガーのメンバーには、ロシアのウクライナ侵攻を支持する言動も多い。ロシアが拡散する米国批判のプロパガンダを妄信する傾向が、顕著にある。つまり、彼らはロシアの情報工作にまんまと乗せられているともいえる。

これは今回の件だけでなく、世界的な傾向でもある。排他的・差別的な民族へイトや宗教へイトの拡散をロシア情報機関は欧米社会分断のために仕掛けているが、それに欧州の極右勢力が同調するというのは、とくに2010年代以降、顕著になっている。かつて冷戦時代は、左翼勢力がソ連による情報工作のターゲットだったが、いまや完全に情報工作の対象は極右勢力になっており、現在の欧州の極右には反リベラルからの流れでプーチン支持派が非常に多い。

この傾向は米国も同様で、ロシアの情報工作はQアノン信者のトランプ支持層に深く食い込んでいる。そもそもQアノンの黎明期に、ロシア工作機関系SNSアカウントがその拡散に大きな役割を果たしていた。つまりロシア情報機関は最初からフェイク情報工作の有効性を認識しており、西側社会の極右を標的に心理工作として作戦を仕掛けていた形跡があるのだ。

このように、現在は世界的傾向として、ロシアの情報工作の影響下で「プーチン支持」「Qアノン」「反ワクチン」「極右思想」などが〝陰謀論〟という共通言語で深く繋がっている。それは日本のネット言論空間でもしばしば見られる。

もっとも、こうしたことは個人の信条の問題というより、SNS社会の登場によって陰謀論的トンデモ情報の拡散パワーがきわめて強くなったことが背景にある。そして、その裏には前述したようにロシア情報工作の計算された誘導がある。

このドイツでのクーデター未遂事件でも、ドイツ人以外の唯一の外国人として、ヴィタリア・Bというロシア人が逮捕されている。事件の首謀者であるハインリヒ13世は、ベルリンのロシア大使館を通じてプーチン政権の代表者とのコンタクトを図っているが、その仲介役をヴィタリア・Bが務めたとのことだ。今回のクーデター計画にロシア工作機関が関与した証拠はないが、ロシアからすれば、こうしたトンデモ陰謀論のグループを手玉にとることは、たやすいことだ。

Ⅷ 日本赤軍とシリア秘密警察

日本赤軍はパレスチナ人を殺戮したアサド政権工作機関の系列だった

日本でテロ組織といえば、1990年代に地下鉄サリン事件などを起こした「オウム真理教」と、1970年代に海外でいくつも大きなテロに参加した「日本赤軍」が有名だ。そのうちの日本赤軍は、もともと新左翼過激派「共産主義者同盟」(ブント)の分派の「共産主義者同盟赤軍派」の重信房子の一派を中心に、パレスチナ闘争に参加するためにレバノンで創設された日本人の国際テロ組織である。

日本赤軍を受け入れたのは、当時のパレスチナ・ゲリラの中でも左翼系の「パレスチナ解放人民戦線」(PFLP)の「ワディ・ハダド派」というグループだった。リーダーのハダドはソ連情報機関「KGB」と非常に近い人物で、ハダド派はいくつもテロ作戦を実行したが、その背後ではＫＧＢが暗躍した。その指揮下で日本赤軍も、イスラエル・テルアビブの国際空港で乱射テロを起こすなどの大規模テロを繰り返したが、実際のところは日本赤軍の作戦というよりは、ＫＧＢが背後にいるＰＦＬＰワディ・ハダド派の作戦の実行役を担ったにすぎない。

ハダドは１９７８年に戦死するが、その後、日本赤軍を引き受けたのが「パレスチナ解放人民戦線総司令部派」（ＰＦＬＰ－ＧＣ）というグループだった。もっとも、このグループはパレスチナ・ゲリラといっても、リーダーはもともとシリアのアサド政権軍の将校だった人物で、最初からアサド政権の工作機関の事実上の指揮下に置かれた。日本赤軍はそれまでのＫＧＢ↓ＰＦＬＰワディ・ハダド派↓日本赤軍という指揮系統から、アサド政権↓ＰＦＬＰ－ＧＣ↓日本赤軍という指揮系統に変わったわけで、つまりは指揮系統の大元がＫＧＢからアサド政権に変わったことになる。

もっとも、以降の日本赤軍はほとんど活発な活動をすることはできなかった。メンバーも高齢化が進み、組織は自然に終息していった。その後はいわば極左人脈の伝説のような存在になった。ところが、２０１１年3月にシリアで民主化運動の国民的デモ闘争が始まると、その構図が一変する。シリアには多くのパレスチナ難民も住んでいたが、彼らも民主化に賛同したため、アサド政権軍により激しく攻撃され、多くの犠牲者を出したのだ。つまり、アサド政権が実はパレスチナ人の敵だということが露呈したわけだ。

2012年には、シリアの民主化勢力の武装グループが首都ダマスカス東部の東グータ・リハン地区にあったPFLP－GCの本部を制圧したが、それは現地のパレスチナ難民に歓迎された。要するに、PFLP－GCは単にアサド政権の工作機関の末端の駒にすぎなかったことが明白だった。それでも日本赤軍系の言論人などは、アサド政権擁護の発言を繰り返した。彼らには日本赤軍が単なる独裁政権の工作機関の手駒のひとつだったということが理解できなかったのだろう。

非道なアサド独裁を延命させたシリア秘密警察

冷戦期からパレスチナ・ゲリラ各派を庇護（ひご）し、時に利用してきた中東各地の独裁政権も、2000年代以降、次々に打倒された。イラクのサダム・フセイン政権は2003年に米軍によって倒されたが、フセイン政権崩壊そのものは、それまで過酷な弾圧下にいたイラク国民に歓迎された。リビアのカダフィ政権は2011年、「アラブの春」の流れの中でリビア国民に打倒された。

しかし、シリアのアサド政権は倒れなかった。現在のバシャール・アサド大統領の父である先代のハフェズ・アサド前大統領が長年かけて築いてきた国民監視・弾圧のための強力な秘密警察機構があったからだ。息子の現大統領は、亡父のそうした遺産によって独裁体制を維持できている。

とにかくシリアの秘密警察による恐怖支配は、中東アラブ圏でも突出して強固だ。シリアの治安機関・秘密警察は、大きく分けると「総合情報局」（ムハバラート）と「内務省」の2系統がある。ムハバラートは大統領直属の強大な秘密警察で、シリアでは裏の権力をいちばん握っている。

ムハバラートの下には、いくつも秘密警察セクションが設置されている。「軍事情報部」「空軍情報部」「政治治安局」「秘密事務局」「内務治安部」「政府治安局」「民族治安局」「情報部」「海外情報局」「捜査部」「パレスチナ部」「対テロ部」「212部」「911部」「215部隊」などその数はきわめて多い。

このうち、とくに軍事諜報機関兼軍内秘密警察である「軍事情報部」、公安政治警察の「政治治安局」、独立系の秘密警察兼諜報機関である「空軍情報部」は、組織上はムハバラートの系列となっているが、実際にはその指揮下にはなく、それぞれ独自の指揮系統を持っていて、大統領に直結し、互いに忠誠を競い合っている。

ちなみに、なぜ空軍情報部がこんなポジションなのかというと、先代のハフェズ・アサド大統領がもともと空軍司令官出身で、最高権力に就いた後も腹心の空軍情報部に独自の諜報活動・公安活動の権限を与えたからだ。なので、空軍の情報セクションでありながら実際は空軍司令官ではなく、大統領に直結している。空軍情報部はハフェズ政権時代からKGBと密接な関係があり、パレスチナ関係やテロ支援などの海外工作でも暗躍していた。現在は国内で反体制分子の密殺を主導しており、空軍情報部の管理する政治犯収容所に入ると「生きては出られない」と噂されている。

また、軍事情報部も独自の強力な権限を持っている。ここは軍・治安機関全体に睨みを利かせている。政治治安局はさしずめ「武装した特高警察」といったところで、政府高官でさえ震え上がる公安警察の最上位になる。

他方、内務省系には一般の警察と、公安警察である「総合治安局」（通称「アムン」）がある。一般の警察も諸外国の警察のような組織ではなく、要は独裁体制のための公安警察そのもので、武装した治安部隊がある。

アムンは一般警察より上位の公安警察で、こちらも治安部隊がある。内部には「国家治安部」

「海外治安部」「パレスチナ関連部」の3つの主セクションがあり、数々の秘密工作も担っている。

なお、ムハバラートとアムンで似たような名称の部局がいくつもあって、似たような任務を担当しているが、それも裏権力を分散させ、互いに牽制させることで独裁を守るための措置だ。ただし、大統領直属のムハバラートのほうが、内務省系のアムンよりもずっと格上になる。民主化運動の初期にデモ隊を弾圧する中心になっていたのはアムンで、体制派民兵と一般警察部隊を現場で指揮した。体制派民兵の主力は「シャビーハ」（亡霊）と通称される親アサド政権の私服のゴロツキ集団だが、一般警察もデモ隊の弾圧に駆り出された。

他方、ムハバラート系の組織は、街角でデモ隊を蹴散らすというよりは、反体制分子を逮捕・拷問することが主な任務となる。国民も、一般警察やアムンに逮捕されただけならまだいいほうで、ムハバラート系の秘密警察に逮捕された場合、それこそ生きては帰れなくなる。

民主化運動の初期に街角でデモ隊を弾圧・虐殺した主役は、シャビーハ、一般警察、アムンだったが、やがてアサド政権は軍を投入してデモ隊を虐殺するようになった。ただし、一般の軍はあまり信用されていないので、軍の後ろに大統領の弟が指揮する精鋭部隊が配置されることがよくあった。共和国防衛隊と第4機甲師団である。彼らは一般の軍の部隊を背後から牽制する役目を負ったのだ。

こうした徹底した監視システムの下で、アサド独裁政権は生き残った。それでも2015年には反体制派に押し込まれ、一部支配地域のみに撤退する敗北宣言のような声明を発するまで追い詰められたが、イランの対外工作機関「コッズ部隊」がレバノンやイラク、アフガニスタンなどから送り込んだ多数の親イラン派民兵部隊や、コッズ部隊が引き入れたロシア軍の大規模空爆により、アサド政権は延命した。

その後、現在に至るまでアサド政権は前述した各秘密警察によって国民を監視・弾圧すると同時に、いまだ反体制派が押さえている北西部のイドリブ県とその周辺では、ロシア軍とともに一般住民を狙った空爆や爆撃を継続している。2023年2月、トルコとシリアにかけて大地震が発生し、シリア北部に大きな被害が出た後でも、アサド政権軍は同地の一般住民を攻撃した。同年10月にガザ紛争が起きて以降は、国際社会の注目がそちらに集中した間隙に、アサド政権とロシア軍はイドリブ県への攻撃を激化させ、連日の爆撃で多数の一般住民を殺戮し続けている。

2024年もガザやウクライナでは戦闘が止む気配はなく、国際社会では連携を強める独裁政権の陣営が勢いを強める傾向は止まらない。その悪影響として、世界のあちこちで国際社会のブレーキが利かずに、非道な政権による虐殺や弾圧が増えていくことになるだろう。

第7章

世界最強のインテリジェンス大国＝米国情報機関の全貌

インテリジェンスの世界で最強といえるのは、やはり米国だ。単に予算が大きいというだけでなく、あるいは最先端技術力に優れているというだけでなく、情報を扱う組織の仕組みがきわめて手厚い。米国政府は現在、こうした情報機関をまとめた「情報コミュニティ」という制度を作っている。省庁横断で情報を効率的に扱い、大統領の日々の政策判断に活かすためだ。米国情報コミュニティは18の省庁・組織から構成されている。統括者は国家情報長官（DNI）で、筆頭機関はCIAである。さらに、米政府機関あるいは軍には、情報コミュニティ以外のインテリジェンス機関もある。ここではその全貌を紹介したい。

▽CIA（中央情報局）

大統領直属の総合的な情報機関。CIA長官は原則的に国家情報長官に報告するが、しばしば大統領にも直接報告する。要員は2万数千人。部内には「作戦本部」「分析本部」「科学技術本部」「デジタル・イノベーション本部」「支援本部」「任務センター（複数）」「執行部（複数）」などの部局がある。

このうちの筆頭部局は、情報要員が世界中で情報収集活動を行う「作戦本部」だ。同本部内には秘密工作を統括する「特殊活動センター」（SAC）がある。SAC内には準軍事組織「特殊作戦グループ」（SOG）がある。SOG要員のほとんどは軍の元特殊部隊員である。また作戦本部は「拡散防止部」「テロ対策センター」「防諜センター」「地域・国家横断問題部」「技術支援部」「共同体ヒューミント調整センター」なども運用している。

▽NSA（国家安全保障局）

国防総省の信号情報機関。通信傍受、暗号解読、傍受通信情報の分析、ハッキング工作とサイバー防衛を担当する。要員は約3万2000人。NSAには軍の通信保全を担当する「中央保安局」（CSS）が併設されており、両者をまとめてNSA／CSSと呼ぶこともある。NSA長官はCSS長官も兼ねるほか、軍の米サイバー軍司令官も兼任している。

内部部局には、情報収集と処理を担当する「作戦本部」、新技術を開発する「技術システム本部」、システムのセキュリティを担う「情報システム・セキュリティ本部」、計画を担う「計画・政策・プログラム本部」、管理・運営を支援する「支援業務本部」などがある。

CIAと共同で国内外の外国施設への盗聴器設置任務を行う「特殊収集部」（SCS）、さらに他省庁、民間企業、同盟国・友好国との連携を担当する「サイバーセキュリティ協力センター」もある。

▽ＦＢＩ（連邦捜査局）

米司法省隷下の警察機構。全米を横断する犯罪捜査、および国際的な犯罪と安全保障分野の捜査を担当する。全要員数は約3万5000人。国際テロや麻薬等組織犯罪への対策で世界中の在外公館にも支部を設置しており、国際的な捜査網を持っている。だが、要員の多くは国内の犯罪捜査の担当であり、国家安全保障分野での情報活動を担う要員はそれよりずっと少ない。

内部部局には「情報局（ＩＢ）」「国家安全保障局（ＮＳＢ）」「犯罪・サイバー・反応・業務局」「科学技術部」「情報技術部」「人材部」がある。このうち情報局（ＩＢ）がＦＢＩからの米国情報コミュニティのメンバーとされている。ＩＢは情報収集活動・分析を担う部局で、同局内には「情報部」「協力機関関係局」「私的部門局」がある。

ただし、ＦＢＩにはＩＢ以外にもインテリジェンスを扱う部局がある。それが国家安全保障関連の捜査を担当する「国家安全保障局」である。同局内には「防諜部」「テロ対策部」「テロリスト審査センター」「大量破壊兵器部」がある。また、国際的な犯罪を追う「犯罪・サイバー・反応・業務局」内部の「サイバー部」「国際作戦部」の一部もインテリジェンス活動に携わっている。

▽ODNI（国家情報長官室）

米国の情報コミュニティを統括する国家情報長官を補佐する機関。情報コミュニティで収集・分析した情報を総合的に判断し、大統領に報告する。組織としては小さく、人数も少ない。

▽DIA（国防情報局）

国防総省の情報機関。要員は約1万7000人。全体の半数以上は国外勤務である。世界中の在外公館に駐在武官として派遣されている。本部の内部部局には「作戦本部」「分析本部」「科学技術本部」「任務業務本部」がある。

筆頭部局は作戦本部で、部内部局にはヒューミント（人的情報収集）による秘密活動を統括する「国防秘密業務部」、防衛駐在官を統括する「防衛駐在官システム部」、国防総省の情報将校のカバー計画を統括する「国防カバー局」がある。

DIAは世界各地に配置された5つの「地域センター」を運営している。「米州・超国家脅威センター」「インド太平洋地域センター」「欧州ユーラシア地域センター」「中東アフリカ地域センター」「中国任務グループ」である。さらに、機能センターである「国防資産基盤センター」「国防テロ対策センター」も運営している。

その他、「国家医療情報センター」「ミサイル宇宙情報センター」「国家メディア収集センター」「地下施設分析センター」も管理。さらに各地域統合軍・各統合戦闘司令部に配置されている各統合情報センターの管理、および統合参謀本部情報部（J2）の管理も担当している。また、独自の警察・警備機構である「DIA警察」も運用している。

▽国務省情報調査局（INR）

国務省の情報機関。要員は約300人と少人数だが、トップ研究者レベルの専門家を揃え、分析能力には定評がある。

▽国土安全保障省情報分析局（I&A）と沿岸警備隊情報部（CGI）

米国情報コミュニティのメンバーとして、国土安全保障省からは2つの情報機関が参加している。情報分析局（I&A）と沿岸警備隊情報部（CGI）だ。I&Aには「防諜任務センター」「テロ対策任務センター」「サイバー任務センター」「経済安全保障任務センター」「国際組織犯罪任務センター」「現在・新規脅威センター」「現場作戦本部」があり、他にも「米国税関・国境警備局情報事業部」「連邦緊急事態管理庁情報調査課」「米国移民税関執行局国土安全保障調査局情報局」「情報機関戦略情報局」「運輸保安局情報分析局」を統括している。I&Aはさらに全米75カ所以上の統合センターの情報管理も担っている。

他方、CGIは沿岸警備隊の情報機関で、警察や軍の情報機関と緊密に連携している。

▽国家保安情報局（ONSI）

米司法省の連邦捜査機関「麻薬取締局」（DEA）の部局の中で、米国情報コミュニティのメンバーとされているのが「国家保安情報局」（ONSI）である。国際的な麻薬組織犯罪の捜査の現場はまさにインテリジェンス活動そのものだが、そんなDEAの情報のとりまとめをONSIは担っている。

▽財務省情報分析局（OIA）と国防防諜・安全保障局（DCSA）とテロリズム・金融情報局（TFI）

国際的な金融犯罪を追う米財務省にも情報部門はある。その財務省で米国情報コミュニティのメンバーとされているのが「情報分析局」（OIA）だ。また、同省にはそれ以外にも「国防防諜・安全保障局」（DCSA）や「テロリズム・金融情報局」（TFI）など、インテリジェンス活動を行うセクションがある。

▽エネルギー省情報防諜局(OICI)と国家核安全保障局(NNSA)

米エネルギー省にも、核拡散問題などの国家安全保障問題で情報を扱う部門がある。それが米国情報コミュニティのメンバーとされている「情報防諜局」(OICI)である。だが、同省ではこの他に「国家核安全保障局」(NNSA)でもインテリジェンスを扱っている。

▽NRO(国家偵察局)

偵察・監視衛星の開発と運用を担当する国防総省の機関。単なるエンジニア集団ではなく、情報収集作戦・分析にも一部関与するので情報コミュニティの一員とされている。衛星だけでなく、高高度偵察機による情報収集作戦も調整する。基本的に衛星で入手した画像情報を各軍情報部門、NGA(国家地理空間情報局)、DIA(国防情報局)に提供している。電波信号情報はNSAに提供している。

要員数は約3000人。生え抜きの局員もいるが、他の軍情報機関、NSA、NGA、CIAからの出向者が多い。

▽NGA（国家地理空間情報局）

地理空間情報（GEOINTという）を扱う国防総省の情報機関。GEOINTとはさまざまな地理的な関連情報が組み込まれたマッピング情報で、刻一刻と変化するそのデータは貴重な分析資料になる。約1万5000人いる。要員は、主に分析官と研究開発技術者。分析官は衛星や偵察機、各軍偵察部隊などから提要される膨大な情報を日々分析している。研究開発技術者は情報収集や分析のためのテクニカルな技術開発を担当している。

▽陸軍軍事情報部隊（MIC）

米陸軍から情報コミュニティのメンバーとなっているのが「軍事情報部隊」。隊員は約3万2000人。このうち約2万8000人は軍人で、残りが文民である。

MICの部隊のうちの筆頭部隊は、米陸軍のメインの情報部隊司令部である「情報保安司令部」（INSCOM）。INSCOMは陸軍参謀長の直轄部隊で、隊員は約1万人。世界各地に隷下の軍事情報部隊を派遣しているが、そのうちのひとつがハワイを拠点とする「第500軍事情報旅団」で、インド太平洋陸軍の情報部隊を統括している。この第500軍事情報旅団隷下の第311軍事情報大隊は日本のキャンプ座間に配置され、日本をベースに情報活動をしている。第311軍事情報大隊はキャンプ座間の他にも米軍赤坂プレスセンターと横浜ノースドッグにも出先機関があり、日本側公安・情報関係者と接触して情報収集活動をしている。

▽海軍情報部（ONI）

米海軍の情報部隊。要員は約3000人。1882年に創設された米国で最も伝統ある情報機関でもある。本部はメリーランド州スイットランドの「国家海事情報センター」（NMIC）で、他に5つの活動拠点がある。

「ニミッツ作戦情報センター」は、地球規模の海洋領域認識（MDA）と世界海事情報集積（GMII）を担当し、世界全体の海軍関連の動向を監視する。

「ファラガット技術分析センター」は、さまざまな手法で米海軍が必要とする外国の技術情報を収集・分析している。また音響データの集積・分析も行っている。

「ケネディ非正規戦センター」は、敵との非正規戦の関連情報活動を担当し、海軍の特殊作戦や遠征作戦をサポートする。

「ホッパー情報業務センター」は、海外11カ国の42拠点に約850人の情報技術専門家を配置し、外国の情報をテクニカルに収集する。また、その先端技術の運用や試験、設備保全も担当する。

「ブルックス海事関与センター」は部隊から上がってくる情報に公開情報を加えて、海軍の活動に必要な情報を分析する。

▽**第16空軍**

米空軍で米国情報コミュニティのメンバーとなっているのが「第16空軍」だ。第16空軍は米空軍戦闘司令部（ＡＣＣ）の隷下となる部隊だが、戦闘部隊ではなく、空軍におけるサイバー戦、電子戦、情報収集、偵察、監視、情報操作などを担当する。

隷下には「第55航空団」（ネブラスカ州オファット基地）、「第9偵察航空団」（カリフォルニア州ビール基地）、「第319偵察航空団」（ノースダコタ州グランドフォークス基地）、「第70諜報・監視・偵察航空団」（メリーランド州フォートミード）、「第363諜報・監視・偵察航空団」「第480諜報・監視・偵察航空団」（ともにバージニア州ラングレー・ユースティス基地）、「第557気象航空団」（ネブラスカ州オファット基地）、「第67サイバー空間航空団」（テキサス州サンアントニオ・ラックランド基地）「第688サイバー空間航空団（テキサス州サンアントニオ・ラックランド基地ケリーフィールド分屯基地）、「第616作戦センター」（テキサス州サンアントニオ・ラックランド基地）、「空軍技術応用センター」（フロリダ州パトリック基地）がある。

▽海兵隊情報部（ＭＣＩ）

海兵隊から米国情報コミュニティのメンバーとなっているのが「海兵隊情報部」（ＭＣＩ）である。隷下には「海兵隊情報活動部隊（ＭＣＩＡ）」「第1～第3情報大隊」「情報支援大隊」「第1～第3無線大隊」「第1～第4偵察大隊」「第3～第4部隊偵察中隊」「第1～第4海兵無人航空機飛行隊」「海兵隊特殊作戦司令部第1～第3海兵襲撃支援大隊情報中隊」「海兵隊暗号支援大隊」がある。

▽国家宇宙情報センター（ＮＳＩＣ。通称「デルタ18」）

米宇宙軍の情報機関として、２０２２年6月24日にオハイオ州ライトパターソン基地で編制。要員は約３５０人。米国情報コミュニティの18番目の新メンバーということで「デルタ18」との呼称も付与された。隷下に「第1～第2宇宙分析飛行隊」がある。

▽米国サイバー軍（USCYBERCOM）

米情報コミュニティのメンバーではないが、米軍でサイバー戦を統括する統合軍として、2010年、NSA本部内に創設された。司令官はNSA長官が兼任している。統括下に「米陸軍サイバー司令部」「第10艦隊・艦隊サイバー司令部」「第16空軍・空軍サイバー」「海兵隊サイバー空間司令部」がある。

このうち最も規模が大きいのは陸軍サイバー司令部で、隷下に「陸軍ネットワーク事業技術司令部」「陸軍サイバー防御旅団」「陸軍予備サイバー防御旅団」「第91サイバー旅団」「第780軍事情報旅団（サイバー戦担当）」「第1情報作戦司令部」「サイバー軍事情報群」がある。統合部隊として「サイバー国家任務部隊」（CNMF）もあり、「国防総省情報ネットワーク本部統合部隊本部」「統合任務部隊アレス」がある。

▽地域統合軍情報部門

米軍は世界の各地域を統括する地域統合軍にも情報機構を構築している。たとえば日本を担当するインド太平洋軍（USINDOPACOM）本部に「情報部」（J2）がある。統括下に「統合情報作戦センター」「特殊保安局」がある。

▽統合特殊作戦コマンド（ＪＳＯＣ）

米軍で対テロ戦などを担当する非公然部隊を統括している。基本的に戦場に潜入して非公然の特殊作戦を担う部隊を指揮統制するが、それらの特殊部隊のいくつかは紛争現場でのインテリジェンス（情報収集）活動もしばしば行うため、インテリジェンスの訓練も受けている。陸軍「デルタフォース」（正式名「第1特殊部隊作戦分遣隊デルタ」、海軍「シール・チーム6」（正式名「海軍特殊戦開発群＝ＤＥＶＧＲＵ」）、「陸軍第75レンジャー連隊連隊偵察中隊」などである。

そんななかで、極秘中の極秘の部隊が陸軍「情報支援活動部隊」（ＩＳＡ）と呼ばれる部隊だ。もっとも、ＩＳＡという部隊名は公式には確認されていない。その時々で「タスクフォース・オレンジ」、あるいは「セントラ・スパイク」や「グレイ・フォックス」などの符牒で呼ばれているようだ。

この通称「ＩＳＡ」はもともとは陸軍情報保安司令部（ＩＮＳＣＯＭ）隷下の現場情報部隊だったが、統合特殊作戦コマンドに指揮系統が移されたとみられる。紛争地の現場に潜入し、人を介した情報活動（ヒューミント）や最前線での通信傍受などの信号情報活動（シギント）を、身分を偽装し、危険を冒して実行する部隊といわれている。

以上が、インテリジェンス強国＝米国の、世界でも突出した情報機構の全貌である。常にリアルな国際紛争と対峙している米国は、単なる軍事力だけでなく「情報」の重要性も熟知しているということだろう。

工作・謀略の国際政治 世界の情報機関とインテリジェンス戦

2024年3月10日　初版発行

著　者　黒井文太郎

校　正　大熊真一(ロスタイム)
編　集　川本悟史(ワニブックス)

発行者　横内正昭
編集人　岩尾雅彦
発行所　株式会社 ワニブックス

〒150-8482
東京都渋谷区恵比寿4-4-9 えびす大黒 ビル

お問い合わせはメールで受け付けております。
HPより「お問い合わせ」へお進みください。
https://www.wani.co.jp
※内容によりましてはお答えできない場合がございます。

印刷所　株式会社 光邦
ＤＴＰ　アクアスピリット
製本所　ナショナル製本

ISBN 978-4-8470-7403-5